MARGOT UND ROLAND SPOHN

DIE SIEHST DU! — BÄUME

KOSMOS

MARGOT UND ROLAND SPOHN

DIE SIEHST DU! — BÄUME

DAS WÄCHST UM DICH HERUM –
DER KOSMOS NATURFÜHRER

KOSMOS

INHALT

FASZINATION BAUM

Bäume sind nicht zu übersehen. Selbst wenn du dich bisher nicht für die Natur interessiert hast – mit diesen Gewächsen hast du jeden Tag zu tun. Dies nicht nur, wenn du eine Allee entlanggehst, einen Park oder einen Wald besuchst oder einen Garten hast. Sicher hast du irgendetwas aus Holz in deiner Wohnung und freust dich an diesem Material, das sich angenehm anfühlt und Wärme verströmt. Holz ist der wichtigste Baustoff der Bäume. Er macht die Stämme und Äste so stabil, dass sie viele Stockwerke hoch in den Himmel wachsen können und festigt die Wurzeln, damit sie den Baum gut im Boden verankern. Zahlreiche Bäume liefern Obst und Nüsse. Dazu zählen nicht nur Apfel und Walnuss, die ich dir natürlich vorstelle, sondern viele seltenere Arten wie Echte Mispel oder Elsbeere. Vielleicht gehörst du ja auch zu den Menschen, die gerne spazieren gehen oder das „Waldbaden" für sich entdeckt haben. Dann merkst du, dass ein bewusster Aufenthalt im Wald oder unter Bäumen hilft, Stress abzubauen und neue Energie zu sammeln. Es gibt also genügend Gründe, in die Welt der Bäume einzutauchen und sich auf eine Entdeckungsreise zu diesen faszinierenden Pflanzen zu begeben.

Mächtige, rund 800 Jahre alte Sommer-Linde (Linner Linde, Schweiz)

Aus der Fülle der Baumarten habe ich für dieses Buch die häufigsten und bekanntesten ausgewählt, denen du bei uns begegnest. Außerdem finden sich hier Porträts zu Arten, die du nicht ganz so oft oder nur mit Glück antreffen wirst. Das sind dann aber solche Bäume, die entweder sehr auffällig oder besonders spannend sind, wie etwa der Blauglockenbaum oder der Küstenmammutbaum. Denn ich möchte die Palette der Baumarten nicht aus Sicht eines Wissenschaftlers zeigen, sondern möglichst viele Aha-Erlebnisse bieten. Die Porträts enthalten deshalb nur kurze botanische Beschreibungen. Das Hauptaugenmerk habe ich auf Geschichten aus den unterschiedlichsten Bereichen gelegt. Sie vermitteln vielfältige Einblicke in die spannende Welt der Bäume. Damit du die Bäume möglichst leicht finden kannst, sind die einzelnen Kapitel des Buches nach Lebensräumen geordnet.

LEBENSRÄUME

Viele Baumarten gehören zur Grundausstattung der Pflanzenwelt bei uns und leben hier seit mindestens der letzten Eiszeit. Doch die riesige Vielfalt, die du heute hierzulande antreffen kannst, verdanken wir dem menschlichen Einfluss. Schon die Römer brachten viele Arten über die Alpen. Pflanzensammler, die in den letzten Jahrhunderten rund um den Globus reisten, kamen mit einer faszinierenden Ausbeute an neuen Bäumen zurück. Züchter taten ein Übriges: Sie kreuzten Wildarten miteinander oder vermehrten besonders interessante Einzelexemplare. Dadurch entstanden unzählige Sorten und Formen. Dies alles hat zur Folge, dass du das größte

Spektrum an Bäumen nicht im Wald, sondern direkt vor der Haustüre entdecken kannst. Dabei ist es egal, ob du in einer Großstadt oder einem Dorf lebst. So beginnt dieses Buch mit dem Lebensraum „Stadt und Straßen", gefolgt von „Park und Garten". Danach nehme ich dich mit hinaus zu „Obst- und Feldgehölzen", in den „Wald" und an „Gewässer". Viele Bäume wachsen jedoch in ganz verschiedenen Lebensräumen. Ihr Porträt findest du dort, wo du ihnen aus meiner Sicht zuerst über den Weg läufst.

VOM FINDEN

Innerhalb der einzelnen Lebensräume habe ich die Arten so angeordnet, dass zuerst sehr häufige Bäume aufgeführt sind. Es folgen dann solche Arten, die du weniger oft oder nur selten findest. Eine allgemeingültige Reihenfolge kann das jedoch nicht sein, denn vielleicht steht bei dir in der Gegend eine Baumart viel häufiger oder seltener als in einer anderen Region.

Die siehst du bestimmt

Diese Bäume begleiten dich vielerorts auf Schritt und Tritt. Einige kennst du bestimmt schon.

Die siehst du wahrscheinlich

Auch diese Bäume wachsen häufig im jeweiligen Lebensraum. Du hast also eine gute Chance, dass du sie entdeckst.

Respekt wenn du die entdeckst

Das sind seltenere Bäume und oft echte „Schmankerl". Also Arten, die aus irgendeinem Grund etwas ganz Besonderes sind. Für mich sind viele davon Bäume, an denen ich jedes Mal stehen bleibe, wenn ich einen von ihnen finde.

BAUM-PORTRÄTS

Damit du einen Baum möglichst einfach erkennen und bestimmen kannst, beginnt jedes Porträt mit einem kurzen Steckbrief: deutscher und wissenschaftlicher Name sowie Pflanzenfamilie. Unter „Herkunft" erfährst du die ursprüngliche Heimat des Baumes. Da seine Blätter für das Erkennen besonders wichtig sind, findest du hier Angaben zu deren Größe und ob sie immergrün oder sommergrün sind. Oben rechts lässt sich anhand von schematischen Darstellungen erkennen, welche grobe Form sie haben und wie sie am Zweig angeordnet sind. Der Steckbrief gibt zusätzlich Auskunft zu Blütezeit und Früchten. Unter „Typisch" sind Merkmale aufgeführt, die oft schon alleine ausreichen, um einen Baum einer Art zuzuordnen.

Natürlicher Baustoff: Holz

Diesem Abschnitt folgen Geschichten, Anekdoten und Wissenswertes rund um diesen Baum. Anschließend sind weitere Merkmale beschrieben, die für das Erkennen hilfreich sein können. Wenn es Arten gibt, mit denen du den Baum leicht verwechseln kannst, stehen diese am Schluss des Porträts.

ÜBERSICHTSSEITEN

Verschiedene spannende Aspekte, die nicht nur eine einzelne Baumart betreffen, habe ich auf einigen Übersichtsseiten zusammengestellt. So findest du, eingestreut in die einzelnen Kapitel, Informationen zu den Themen „Herbstfärbung", „Rinden", „Formenvielfalt", „Graffiti im Wald", „Insekten auf Bäumen", „Weitere Baumbewohner" und „Geheime Helfer der Bäume".

DIE ROLLE DER BÄUME

ANTI-TREIBHAUSEFFEKT

Dieses Thema kennst du bereits aus den Medien: Bäume nehmen Kohlendioxid auf. Mit den Kohlenstoffmengen, die sie beim Wachstum binden, entfernen sie dieses Treibhausgas aus der Atmosphäre. Bis eine Buche 80 Jahre alt ist, hat sie dem Kreislauf davon rund 3,5 Tonnen entzogen und so fast 1 Tonne Kohlenstoff gespeichert – so viel wie das Verbrennen von 1400 Litern Erdöl freisetzt. Aktuelle Forschungen zeigen dabei, dass Bäume im Alter mehr Kohlendioxid aufnehmen als in der Jugend.

SAUERSTOFF ZUM ATMEN

Bäume produzieren wie alle grünen Pflanzen Sauerstoff. Wenn sie Kohlendioxid und Wasser aufnehmen und daraus Kohlenhydrate für ihr Wachstum gewinnen, geben sie Sauerstoff als „Abfallprodukt" in die Luft ab. Mehr zur Fotosynthese findest du im Abschnitt „Blätter" (S. 11). Ein Glück für uns, dass grüne Pflanzen so aktiv sind – sonst würden wir ersticken! Je nach Baumart, Standort und Größe kann der von einem Exemplar gebildete Sauerstoff einem oder sogar mehreren Menschen zum Atmen reichen.

ERHOLUNG UND ENTSPANNUNG

Gärten und Parks, von Bäumen beschattete Plätze – jeder Baum, egal wo er steht – bieten uns einen Wohlfühlraum. Einige interessante Aspekte zur Rolle der Bäume in Städten habe ich in den Kapiteln „Stadt und Straßen" sowie „Park und Garten" zusammengestellt.

ROHSTOFFE UND LEBENSMITTEL

Bevor die Klimaerwärmung immer mehr in den Fokus rückte, waren Rohstoffe und Lebensmittel die zentralen Gründe, warum wir Menschen Bäume pflanzten und schätzten. Diese wichtigen Aufgaben greife ich in vielen Porträts auf. Zum Holz als Rohstoff findest du außerdem im Kapitel „Wald" einige allgemeine Informationen, zum Thema Obst im Kapitel „Obst- und Feldgehölze".

LEBENSTRÄUME

Schon früher war es weit verbreitet, zu einem besonderen Anlass einen Baum zu pflanzen. Manche dieser Gedenkbäume kannst du noch heute finden. Oft stehen sie an markanten Stellen, etwa auf Hügeln oder an Wegkreuzungen. Sie sind häufig als Naturdenkmale geschützt und mit einem Hinweisschild versehen. Der Brauch hat sich bis jetzt erhalten. So pflanzen viele Paare zur Hochzeit oder zur Geburt eines Kindes einen Baum. Es gibt sogar ganze „Hochzeitswäldchen". Wenn der Baum nicht einer Straße oder einem Neubau weichen muss, können die glücklichen Pflanzer sicher sein, dass er das Ereignis über viele Jahrzehnte oder gar Jahrhunderte kundtut. Denn ein

Gewöhnliche Rosskastanie an einer Weggabelung

Wald mit Linden und Stiel-Eichen sowie Totholz

Menschenleben ist für die meisten Bäume ein Pappenstiel.

LEBENSRÄUME

Vögel hüpfen durch das Geäst, Raupen nagen an den Blättern, Blattläuse, Wanzen und Zikaden saugen die Säfte. Vor uns weitgehend verborgen besiedeln winzige Milben und Bakterien die Blätter. Pilzfäden durchziehen das Holz und bilden manchmal Fruchtkörper auf den Stämmen. Käferlarven nagen sich durch die Rinde und das Holz, in ihren Gängen oft gefolgt von Nachmietern oder bedroht von Spechten. All das ist nur ein Ausschnitt aus den vielen Beziehungskisten, die sich in, auf und unter den Bäumen abspielen. Schon ein einziger Baum funktioniert wie eine ganze Stadt, mit Nobel- und Sozialwohnungen, Verkehrsnetzen, Verpflegungsstellen – und Friedhöfen.

Dabei hat jede einzelne Baumart ihre eigenen Beziehungen und Partner. Während manche Bäume ein wahres Eldorado für Bewohner aller Art sind, bleiben andere praktisch unbehelligt. Als Faustregel kannst du dir merken, dass heimische Bäume mehr Arten einen Lebensraum bieten als solche, die wir aus fremden Ländern eingeführt haben. Viele fremdländische Gehölze kamen ohne ihre Bewohner zu uns. Erst der zunehmende Verkehr zwischen den Kontinenten liefert den einen oder anderen Parasiten – meist ungewollt – nach. Bei den heimischen Gehölzen stehen Stiel- und Trauben-Eiche sowie Weiden auf der Hitliste ganz oben: Wissenschaftler schätzen, dass alleine 200–800 verschiedene pflanzenfressende Insektenarten auf ihnen leben. Einige Tiere, Pilze und andere Lebewesen, die auf oder von Bäumen leben, stelle ich dir in diesem Buch vor, entweder direkt bei der Baumart, auf der du sie antreffen kannst, oder auf einer der Übersichtsseiten.

VERGÄNGLICHKEIT

Auch wenn viele Bäume wahre Methusalems sind und jahrhundertealt werden können – irgendwann sind auch ihre Tage gezählt.

Doch der Kreislauf der Natur dreht sich weiter: Der Tod des Baumes oder ein vom Sturm abgeknickter Ast ist für viele andere Lebewesen erst der Anfang. Totholz gehört zu den lebendigsten Lebensräumen. Während es sich zersetzt, fallen Pilze, Insekten und andere darüber her. Meistens bevorzugt jeder der Organismen einen bestimmten Bereich oder Zerfallsgrad des Totholzes. So leben viele gleichzeitig nebeneinander oder besiedeln hintereinander entweder Stamm, Ast oder Stumpf. Wo immer möglich, sollten abgestorbene Bäume und ihre Stämme für diese Lebewesen erhalten werden. Nicht nur Förster, sondern auch Stadtgärtner und Gartenbesitzer nehmen sich dies immer mehr zu Herzen – deshalb siehst du selbst in Parks Ecken mit abgestorbenen Bäumen oder liegende, langsam vermodernde Stämme und Äste. Bei Fichten und Kiefern kann es 20–40 Jahre, bei der Rot-Buche 35–50 Jahre dauern, bis ihr abgestorbener Stamm vollständig zersetzt ist und du nichts mehr davon siehst. Manche Forscher meinen sogar, dass dies je nach Baumart und Standort bis zu 200 Jahre dauern kann.

BÄUME UND IHRE BLÄTTER

Auf den ersten Blick wird dich die Vielfalt an Wuchsformen, Blättern, Blüten und Früchten von Bäumen vielleicht verwirren. Aber es ist gar nicht so schwer, da ein bisschen Ordnung hineinzubringen. Wenn du weißt, auf was zu achten ist, um einen Baum zu bestimmen, wirst du ihn bald mit Namen nennen und wiedererkennen können. Damit alle vom Gleichen sprechen und du dich sowohl in diesem Buch als auch in anderen Quellen zurechtfindest, gibt es einige Begriffe, die sich zur Beschreibung von Bäumen, Blättern, Blüten und Früchten eingebürgert haben. Ich erläutere sie dir hier. **Auf der hinteren Klappe dieses Buches findest du außerdem Bilder zu den wichtigsten Begriffen.**

BAUM ODER STRAUCH?

Überall um uns herum gedeihen holzige Gewächse. Das sind Pflanzen, die viele Jahre alt werden. Ihre oberirdischen Stämme, Äste und Zweige sind hart und holzig und wachsen jedes Jahr weiter. So werden sie mit der Zeit immer größer. Bäume und Sträucher zählen zu den Gehölzen.

Links: Strauch (Hasel), rechts: Baum (Trauben-Eiche)

In diesem Buch stelle ich dir **Bäume** vor. Ein Baum ist eine verholzte Pflanze, bei der aus dem unterirdischen Wurzelwerk in der Regel nur ein Stamm entspringt. Dieser wird mit der Zeit dicker. Er kann bis in die Spitze des Baumes reichen oder sich über dem Boden verzweigen. Vom Stamm gehen Äste ab, die sich in Zweige aufteilen. Die Gesamtheit der Äste und Zweige ergibt die Krone, deren oberster Teil der Wipfel ist. Neben typischen einstämmigen Bäumen gibt es auch solche, bei denen wenige Stämme dicht zusammenstehen. Sie bilden dann gemeinsam die Äste und Zweige für die Krone.

Sträucher entwickeln ausgehend von ihren Wurzeln viele dünnere, oft etwa gleich starke Triebe, die meist bereits in Bodennähe Seitenzweige entwickeln. So wirkt ein Strauch typisch buschig und erinnert an eine Baumkrone ohne Stamm. Die Gewöhnliche Hasel ist ein Beispiel für einen charakteristischen Strauch. Im Buch findest du ein paar Gehölze, die sowohl einen Baum als auch einen Strauch bilden können, etwa die Gewöhnliche Stechpalme oder die Echte Mispel.

BLÄTTER

Bei einem Baum fallen oft zuerst die Blätter auf – zumindest trägt das Gehölz sie einen langen Zeitraum im Jahr oder sogar rund um das Jahr. Sie unterscheiden sich sowohl in der Form als auch in der Anordnung und eignen sich deshalb besonders gut zur Bestimmung. Auf den hinteren Klappen stelle ich dir einige wichtige Blattformen mit Fotos vor.

Sind die Blätter schlank und schmal wie bei Fichten und Kiefern, bezeichnet man sie als **nadelförmig**. Diese Blattform gab sogar einer großen Gruppe von Gehölzen – den **Nadel-**

bäumen – ihren Namen. Doch nicht alle Nadelbäume haben Nadeln. Ihre Blätter können auch **schuppenförmig** ausgebildet sein wie beim Lebensbaum. Die meisten Nadelbäume behalten ihre Nadeln auch im Winter. Solche Pflanzen, die das ganze Jahr über grüne Blätter tragen, sind **immergrün**. Die Lärche wiederum ist ein Beispiel für einen Nadelbaum, der seine Nadeln im Winter verliert. Sie ist damit **sommergrün**.
Die andere große Gruppe der Gehölze sind die **Laubbäume**. Sie haben im Gegensatz zu den Nadelbäumen meistens flächige Blätter, bei denen sich ein **Stiel** und eine **Spreite** – der flache Teil – unterscheiden lassen. Solche Blätter können ganz unterschiedlich geformt sein. Ist die Blattspreite ungeteilt, besteht also nur aus einer einzigen Fläche, so nennt man das ein **einfaches Blatt**. Die Blattfläche kann dabei ganz verschieden aussehen. Häufige **Blattformen** bei Bäumen sind rundlich, oval, länglich oder lanzettlich. Auch der **Blattrand** unterscheidet sich und ist für die Bestimmung wichtig. Es gibt ganzrandige, unterschiedlich gezähnte oder gelappte Blätter. Bei letzteren verlaufen die Lappen auf die gleiche Weise wie die Haupt-Blattnerven. Bei den Eichen sieht das dann aus wie ein Blatt mit großen Einbuchtungen. Ihre Blattnerven sind parallel angeordnet. Wenn die Nerven von einem Punkt am Ansatz des Stieles abgehen und sich die Lappen daran orientieren, entsteht ein **handförmig gelapptes** Blatt wie bei Ahorn und Amberbaum. Die Einschnitte zwischen den Lappen teilen die Fläche bei dieser Blattform nicht bis zum Grund.
Ein **zusammengesetztes Blatt** besteht aus mehreren **Blättchen**. Es sieht auf den ersten Blick gar nicht wie ein einzelnes Blatt aus. Spätestens wenn es im Herbst mit allen Teilen abfällt, kannst du aber sehen, dass es kein Zweig ist. Das **gefingerte Blatt** der Rosskastanie gehört hierher. Bei ihm entspringen die Blättchen an einem Punkt am Ende des Blattstiels. Sitzen die Blättchen auf unterschiedlicher Höhe am Stiel, hat man ein **gefiedertes Blatt**. Meistens stehen sich dabei jeweils zwei Blättchen gegenüber, oft gibt es dann noch ein einzeln stehendes Endblättchen. Gefiederte Blätter besitzen zum Beispiel Esche und Walnuss.

Sommergrüne Lärchen und immergrüne Fichten

Die Blätter können auf unterschiedliche Weise an den Zweigen sitzen. Dies geschieht jedoch nicht wahllos, sondern die **Blattstellung** ist für jedes Gehölz charakteristisch. Sitzen immer zwei Blätter auf gleicher Höhe am Zweig, nennt man dies **gegenständig**. Entspringen die Blätter versetzt, also auf unterschiedlicher Höhe am Zweig, sind sie **wechselständig**. Besonders die Nadeln der Nadelbäume sind manchmal auch **in Büscheln** angeordnet.
Die unterschiedlichen Blattformen und Blattstellungen haben einen wichtigen Sinn für den Baum: Sie sorgen dafür, dass die Blätter einen guten Platz an der Sonne erhalten. Das Blatt fängt die Lichtenergie ein und nutzt diese Energiequelle, um aus Kohlendioxid und Wasser Kohlenhydrate herzustellen. Der Baum braucht diese für sein Wachstum. Dabei wird der für unsere Atmung so wichtige Sauerstoff freigesetzt. Diese chemische Reaktion ist als **Fotosynthese** bekannt. Eine zentrale Rolle dabei spielt das Blattgrün oder Chlorophyll. Ihm verdanken die Blätter ihre grüne Farbe.

BLÜTEN UND FRÜCHTE

Was wäre ein Kirschbaum ohne Blüten und Früchte? Du achtest bei ihm und vielen anderen Bäumen wahrscheinlich mehr darauf als auf die Blätter. Der Baum braucht sie zur Vermehrung. Findest du sie an einem Baum, können sie dir einiges über das Gehölz mitteilen und dir das Bestimmen erleichtern.

BLÜTEN

Viele Bäume blühen mehr oder weniger im Verborgenen, andere präsentieren riesige Blüten oder lassen eine große Zahl kleinerer Blüten gemeinsam wie ein Feuerwerk wirken. Welche Ausprägung bei dem jeweiligen Gehölz vorhanden ist, lässt Rückschlüsse darauf zu, wann es in der Evolution entstanden ist und wer den Pollen überträgt.

Windblütler: Atlas-Zeder

Die ersten Nadelbäume sind in der Evolution vor den Laubbäumen entstanden, zu einer Zeit, in der es noch keine bestäubenden Insekten gab. Sie haben an ihren Zweigen männliche Blüten, die lediglich Staubblätter enthalten und Blütenstände mit weiblichen Blüten, die nur aus Fruchtblättern bestehen. Der Pollen rieselt schon beim leisesten Windhauch aus den männlichen Blüten und gelangt mit der Luft zu den weiblichen Blüten. Da der Wind nicht gut zielt, geht natürlich einiges daneben. Deshalb bilden solche **Windblütler** Unmengen an Pollen – sehr zum Leidwesen von Pollenallergikern. Auch bei den Laubbäumen gibt es viele, die sich auf den Wind als Bestäuber verlassen. Es sind meist solche Bäume, die früh im Jahr blühen, also zu einem Zeitpunkt, wenn nur wenige Insekten unterwegs sind. Die Bäume tragen dann in der Regel noch keine Blätter, sodass der Wind ungehindert hindurchblasen kann. Sitzen männliche und weibliche Blüten auf demselben Baum, so nennt man dies **einhäusig** – also in einem Haus. Sind sie auf männliche und weibliche Bäume verteilt, sind sie **zweihäusig**.

Treffsicherer als der Wind sind andere Bestäuber. Besonders erfolgreich geht das mit Insekten. Die **Insektenblütler** unter den Bäumen haben sich verschiedene Strategien einfallen lassen, wie sie diese anlocken. Farbe und Duft, aber auch Blütenform und Größe spielen eine wichtige Rolle. Doch ohne Belohnung würde kein einziges Insekt in der Blüte landen. Ein sehr wertvolles Geschenk ist der Pollen. Er enthält viel Eiweiß und dient zahlreichen Insekten als Nahrung für sich und ihren Nachwuchs. Aber es ist für den Baum aufwendig, den Pollen zu bilden. Außerdem soll er ja nicht in das Insekt, sondern auf die Narbe der

Insektenblütler: Gewöhnliche Robinie mit Honigbiene

Blüte gelangen, damit sich nach der Befruchtung Samen entwickeln. Deswegen bieten modernere Bäume ihren Bestäubern nur oder zusätzlich Nektar an. Für den süßen Zuckersaft brauchen sie lediglich die Kohlenhydrate aus der Fotosynthese. Diese haben sie in viel größerer Menge zur Verfügung als die Eiweiße. Die meisten Blüten von insektenblütigen Bäumen sind **zwittrig**. Sie haben also sowohl Staubblätter mit Pollen als auch Fruchtknoten. Es gibt aber auch insektenblütige Bäume mit männlichen und weiblichen Blüten und sogar solche, bei denen diese Blüten zweihäusig verteilt sind, etwa Stechpalmen oder Weiden.

SAMEN UND FRÜCHTE

Das Ziel der Pollen sind die Samenanlagen. Sie befruchten diese, sodass Samen heranwachsen können. Die Samen sorgen für die geschlechtliche Fortpflanzung des Baumes. Der im Samen sitzende Embryo vereint das Erbgut des Baumes, der den Pollen geliefert hat mit dem Erbgut des Baumes, auf dem der Same heranwächst.

Bei den Nadelgehölzen sind die Samenanlagen nicht in einem Fruchtknoten eingeschlossen, sondern liegen frei auf den einzelnen Fruchtblättern – der Fachmann spricht von **Nacktsamern**. Bei den meisten Nadelgehölzen liegen die Samen jedoch nicht ganz nackt herum, sondern sind bis zur Reife zwischen den Schuppen von **Zapfen** eingeklemmt.

Bei den Laubgehölzen sind die Samenanlagen in den Fruchtblättern vollkommen eingeschlossen – sie sind **Bedecktsamer**. Oft bilden mehrere Fruchtblätter einen gemeinsamen Fruchtknoten mit einer Narbe, auf der der Pollen landet. Nach der Bestäubung und Befruchtung entwickeln sich charakteristische Früchte, die je einen, mehrere oder viele Samen enthalten. Gelangt ein Same an einen günstigen Platz, keimt er zu einem Sämling, der sich zu einem neuen Baum entwickeln kann.

Die Bäume haben sich einiges einfallen lassen, wie sie ihrem Nachwuchs eine gute Starthilfe geben können. Die Fruchtwand schützt die Samen vor Wind und Wetter und hält auch viele Tiere von den Samen fern, die sich allzu gerne an dieser fett- oder kohlenhydratreichen Nahrung laben würden. Gleichzeitig spielt sie aber auch eine wichtige Rolle bei der Verbreitung der Samen.

So gibt es ganz unterschiedliche Fruchttypen. Dies hilft dir natürlich beim Bestimmen. Außerdem geben sie dir wichtige Hinweise auf die Strategie, die der Baum zur Samenverbreitung nutzt.

Umgibt eine harte Fruchtwand den Samen und schließt ihn dauerhaft ein, so nennt man dies **Nuss**. Viele Säugetiere und Vögel nagen sie auf und knacken sie – diese sind für den Baum verloren. Andere Tiere wie Eichhörnchen und Eichelhäher verstecken sie jedoch als Wintervorrat und vergraben sie oft an einem idealen Keimplatz, wo sie dann teilweise vergessen werden. Manche Bäume versehen ihre Nüsse mit Flügeln. Diese **Flügelfrüchte** können im Wind an einen fernen Ort gelangen. Bei manchen Bäumen öffnet sich die harte Fruchtwand bei der Reife und entlässt den oder die Samen. Die **Kapseln** der Pappeln und Rosskastanien sowie die **Hülsen** der Hülsenfrüchtler sind Beispiele dafür. Ist die Fruchtwand nur innen hart und holzig, außen dagegen fleischig oder saftig, so entsteht eine **Steinfrucht**. Diese kennst du zum Beispiel von Kirschen oder Pflaumen. Tiere verspeisen bei ihr zuallererst das süße Fruchtfleisch. Der wertvolle Same im harten Kern bleibt oft unbehelligt und fällt zu Boden. Schlucken die Tiere den Kern mit, kann der Same mit dem Kot – und damit gleich mit einer Portion Dünger – an einen geeigneten Standort kommen.

STÄDTE UND STRASSEN

DIE HERAUSFORDERUNG

Bäume, die in unseren Städten wachsen, stehen unter hohem Stress. Sie müssen dort mit einem extremen Klima klarkommen und nicht nur Frost, sondern auch ausgeprägte Trockenheit und Hitze ertragen. Häufig ist im Asphalt nur eine kleine Öffnung für sie ausgespart, mit der sie auskommen müssen. Solche Bäume müssen besonders liebevoll gepflegt und regelmäßig bewässert werden. Neu gepflanzten Bäumen geben Stadtgärtner heute mehr unversiegelten Raum als früher, verwenden einen speziellen, durchlässigen Boden und versenken Belüftungsrohre darin. Dies ist aber meist nur eine kleine Starthilfe, denn vor allem an Straßen verdichtet sich auch ein lockerer Untergrund durch die vielen schweren Fahrzeuge rasch. Zusätzlich stellen Streusalz, aus Müll ausgewaschene Stoffe und Urin eine echte Herausforderung für die im engen Bodenraum sich drängelnden Wurzeln dar. Weiter oben sieht es für den Baum nicht viel besser aus: Autos, Bauarbeiten und manchmal auch mutwilliges Treiben verwunden den Stamm. Auch wenn du mit einer Reißzwecke oder einem Nagel ein Plakat an dem Baum anbringst, kannst du ihn verletzen. Nur wenn er eine dicke Rinde hat, die der Nagel nicht durchstößt, macht ihm dies nichts aus. Das ist dann so ähnlich, wie wenn man bei dir Haare oder Nägel schneidet, denn die äußeren Schichten der Rinde bestehen aus totem Gewebe. Damit der Baum die Verkehrswege und Häuser nicht behindert oder tote Äste herunterfallen, siehst du regelmäßig Baumpflege-Teams in den Kronen, die diese beschneiden. Manchmal sehen die Exemplare danach wie amputiert aus. Sie treiben zwar wieder aus, doch eine zusätzliche Belastung ist das allemal. Bei so viel Stress ist es kein Wunder, dass Schädlinge und Krankheiten oft ein leichtes Spiel mit Stadtbäumen haben.

DER LOHN

Was wären unsere Innenstädte ohne das Grün der Bäume! Sie sehen schön aus und sind tolle Kumpels der Städter. Dies gilt nicht nur für Vögel und andere Tiere, von denen sich dank der Gehölze viele in den Städten wohlfühlen. Auch wir kommen direkt in den Genuss dessen, was Wissenschaftler mit Messungen bestätigt haben: An einem heißen Sommertag sitzen wir im Schatten eines Baumes angenehmer als unter einer Markise oder einem Sonnenschirm. Dank des Wassers, das der Baum verdunstet, kühlt er seine Umgebung um bis zu 3 °C ab und schafft so ein wohltuendes Klima. Grünflächen mit Bäumen haben dabei einen zwei- bis viermal höheren Kühleffekt als grüne Bereiche ohne Bäume, also zum Beispiel reine Rasenflächen. Dies hängt damit zusammen, dass Bäume mit ihren Wurzeln viel mehr Wasser aufnehmen als Kräuter und so auch besonders viel verdunsten. Die Verdunstung ist bei uns in Mitteleuropa der wesentliche Motor für den Kühleffekt. Auf den trockenen Böden

Kugel-Robinien auf gepflastertem Platz

Südeuropas dagegen kühlen Bäume in erster Linie durch ihre Schatten.

Das Laub der Bäume schluckt Lärm, bremst den Wind und fängt feinsten Staub aus der Luft. Bei einem ausgewachsenen Stadtbaum kann das bis zu 1 Tonne Staub pro Jahr sein. Dieser „Bio-Katalysator“ reinigt die Luft aber nicht nur von Partikeln, sondern nimmt an einem Sommertag rund 18 kg Kohlendioxid auf und produziert rund 13 kg Sauerstoff. In der Sommernacht atmet der Baum zwar selbst auch Sauerstoff und stößt Kohlendioxid aus, doch bleibt die Bilanz positiv: Über den ganzen Tag gesehen nimmt er eine Menge des schädlichen Klimagases Kohlendioxid auf und gibt dafür Sauerstoff ab.

Bei so vielen positiven Eigenschaften ist es verständlich, dass Stadtplaner seit einiger Zeit ganz bewusst immer mehr Bäume in ihre Konzepte zur Stadtgestaltung einbeziehen und ganze Plätze und Straßenzüge umgestalten oder sogar Dächer in Baumoasen verwandeln. Im Zuge der Klimaerwärmung wird es sonst noch zu heiß in unseren Städten.

KATALOGISIERT UND VERWALTET

Stadtbäume stehen unter einer strengen Aufsicht. Es existieren sogenannte Baumkataster, in denen alle Bäume auf öffentlichen Grundstücken erfasst und verwaltet werden. Häufig siehst du deshalb an den Bäumen eine kleine Plakette mit einer Nummer – die „Hundemarke“ des Baumes. Mit dieser lässt sich jedes Exemplar eindeutig identifizieren. Findest du in deiner Stadt keine entsprechenden Nummerntäfelchen, hat die Verwaltung die Bäume wahrscheinlich mit digitalen Koordinaten über ein entsprechendes Navigationssystem erfasst. Die Kataster halten für jeden Baum nicht nur den Standort, sondern auch Baumart, Größe, Alter und Eigentümer fest, sowie Informationen zu Verkehrssicherheit und Zustand. Damit sind wir beim wichtigsten Grund für ein Baumkataster: Der Baumeigentümer hat eine sogenannte Verkehrssicherheitspflicht. Er ist also dafür verantwortlich, dass der Baum nicht einfach bei einem stärkeren Wind umfallen kann und dass keine morschen Äste herunterkrachen und dir auf den Kopf fallen. Natürlich kann auch ein regelmäßig kontrollierter Baum einem Sturm zum Opfer fallen, doch rechtlich

Im Baumkataster erfasste Linde

macht es einen großen Unterschied, ob der Eigentümer den Zustand überwacht hat oder nicht. Ein Baumkataster ist außerdem hilfreich, wenn es darum geht, Pflegemaßnahmen für die Gehölze festzulegen. Übrigens: Viele Städte haben ihre Baumkataster veröffentlicht oder stellen sie dir auf Anfrage zur Verfügung. Hier kannst du nachsehen, welche Bäume in deiner Nähe stehen.

WANDEL

Vielleicht haben Stadtgärtner auch an deiner Straße schon Bäume gefällt und als Nachfolger Exemplare einer anderen Baumart gepflanzt. Wenn du die Möglichkeit hast, verschieden alte Versionen eines Baumkatasters einzusehen, wirst du feststellen, dass für die Nachpflanzung häufig andere Arten gewählt werden. Es hängt zum Teil damit zusammen, dass es neuere Züchtungen gibt, die sich zum Beispiel von der Kronenform und deren Wüchsigkeit besonders als Straßenbaum eignen. Eine wichtige Rolle spielen aber auch die Erfahrungen, welche die jeweilige Stadt mit verschiedenen Baumarten gemacht hat. Diese Daten lassen sich aus einem gut geführten Baumkataster herausfiltern. Vielerorts probiert man seit mehreren Jahren außerdem bisher kaum gepflanzte Arten aus. Unter dem Motto „Neue Bäume braucht das Land“ versuchen Forscher und Stadtgärtner herauszufinden, welche Baumarten und Züchtungen sich im Rahmen des Klimawandels als „Klimabäume“ für die Stadtgestaltung der Zukunft eignen.

PARK UND GARTEN: GESTALTETE NATUR

Egal wo du wohnst, Parks oder Gärten gibt es überall. Sie sind wahre Fundgruben für eine Vielzahl von Bäumen. Es lohnt sich, dass du dich dort mit etwas Zeit und diesem Buch im Gepäck umsiehst und so mit Bäumen aus aller Herren Länder auf eine „Weltreise" gehst.

DER GARTEN

Das Wort „Garten" leitet sich vom indogermanischen „gher" ab. Ursprünglich waren damit verflochtene Weiden- oder Haselruten (Gerten) gemeint, die ein Stück Land einschlossen. Das gotische Wort „garde" bezeichnet entsprechend ein mit Gerten umzäuntes Gelände. Später wurde daraus der Garten – ein Stück umfriedetes Land, unabhängig davon, ob es von einem Zaun, einer Mauer oder hohen Pflanzen eingeschlossen wird. In einem Nutzgarten wachsen Pflanzen für einen direkten Ertrag, ein Ziergarten dagegen erfreut das Auge und dient eher der Erholung. Während alte Häuser oft von großen Gärten mit eindrucksvollen, ausladenden Bäumen umgeben sind, gibt es in Neubausiedlungen häufig nur noch kleine Vorgärten oder wenig Grün rund um das Haus. Für Bäume reicht dieser Platz meist kaum mehr aus. Eine Alternative können jedoch spezielle klein-

Gewöhnlicher Trompetenbaum im Park

wüchsige Sorten oder Züchtungen sein. Solche Zwerge zeigen die gleichen Blüten, Früchte und Blätter wie ihre großen Geschwister, ragen aber oft kaum höher hinauf als du groß bist. Sie haben damit den Vorteil, dass du alles an dem Baum anschauen kannst, ohne auf eine Leiter zu steigen oder dich zu verrenken.

DER PARK

Ein Park ist so etwas wie ein großer Ziergarten, bei dem die Ästhetik im Vordergrund steht. Oft ist es schwierig, einen Garten von einem Park abzugrenzen. Die Größe alleine ist nicht ausschlaggebend – es gibt sehr kleine Parks und riesige Gärten.

Je nach Zeitgeist weisen Parks ganz unterschiedliche Stile auf. So gibt es zum Beispiel den französischen Park mit strengen geometrischen Mustern in symmetrischer Anordnung sowie mit in Form geschnittenen Gehölzen, Wasserspielen, Skulpturen und architektonischen Elementen. Im Kontrast dazu steht der englische Landschaftspark, der sich im 18. Jahrhundert entwickelte. Darin sind die Elemente so angeordnet, dass sie einen natürlichen Landschaftseindruck vermitteln sollen. Geschwungene, unregelmäßige Wege verlaufen zwischen urtümlich wirkenden Seen, Bächen, markanten Bäumen oder Baumgruppen. Während solche Parkanlagen historisch meist außerhalb von Städten, oft bei einem Schloss oder Landsitz, angelegt wurden und ursprünglich nur gehobenen Gesellschaftsschichten zugänglich waren, entstanden ab Ende des 18. Jahrhunderts bei uns auch Volksgärten. In diesen konnten Städter auf dafür vorgesehenen Wegen flanieren. Ab Ende des 19. Jahrhunderts traten Otto Normalbürger und seine Bedürfnisse in den Vordergrund: Damit alle sich erholen konnten, entstanden in Volksparks große Spielflächen, begehbare Rasenbereiche und Trampelpfade. Auch die Stadtparks, von denen du vielleicht einen bei dir in der Nähe hast, sind eher „benutzerfreundlich" angelegt: Es gibt schöne Wege, Sitzbänke und Tische unter schattigen Bäumen oder an sonnigen, aussichtsreichen Stellen sowie – oft besonders ausgewiesene – Flächen, auf denen du dich fürs Picknick niederlassen darfst oder Kinder sich austoben können. Du möchtest aber sicher nicht zwischen Müll picknicken oder deine Decke auf Hundekot ausbreiten. So gibt es in jedem Park ein paar Regeln, damit alle diese „grüne Lunge" der Stadt genießen können.

FORMEN, FARBEN UND AKZENTE

Gärtner, Gartenarchitekten und Liebhaber arbeiten mit vielen Elementen, um Gärten und Parks die gewünschte Gestalt zu verleihen. Besonders wichtig für sie sind Gehölze, denn diese bestimmen maßgeblich den Charakter der künstlich angelegten Flächen. Um eine bestimmte Wirkung zu erzielen, spielen die Planer gerne mit der Vielfalt heimischer und fremdländischer Baumarten und mit der fast unüberschaubaren Fülle an Sorten, die ihnen zur Verfügung stehen. Oft gestalten kreative Gärtner auch mit Säge, Ast- und Heckenschere aus den Gehölzen wahre Kunstwerke. Die Bäume in gut geplanten Parks und Hausgärten wirken zu jeder Jahreszeit interessant: im Winter durch besondere Formen oder Rindenstrukturen, im Frühling und Sommer wegen ihrer Blüten und im Herbst mit einem wahren Feuerwerk attraktiver Laubfärbungen.

Zierkirsche

FELD UND WIESE

STREUOBSTWIESEN

Wenn verschiedene Sorten von Obstbäumen in größeren Abständen auf Wiesen oder Weiden wachsen, hast du eine Streuobstwiese vor dir. Meistens stehen dort hochstämmige Bäume. Bei diesen beginnt die Krone erst etwa auf der Höhe deines Kopfes. Oft handelt es sich um alte Obstbaumsorten, die sehr groß werden und lange leben können. Auf einer Streuobstwiese, die meiner Familie gehört, stehen heute noch Obstbäume, die mein Urgroßvater vor über 100 Jahren gepflanzt hat. Die einzelnen Bäume auf einer solchen Wiese stehen so weit auseinander, dass jeder von ihnen genügend Platz für seine freie Entfaltung hat. Früher war diese traditionelle Form des Obstbaus rund um die Dörfer weit verbreitet. Doch ist es für Bauern oft nicht mehr wirtschaftlich, die Früchte als Obst für den Markt mit einer Leiter von den Bäumen zu ernten. Außerdem möchten viele Leute lieber gleich große, einheitlich aussehende Früchte von modernen Sorten. Obst von Streuobstwiesen wird heute meistens von den Bäumen geschüttelt und gelangt in regionalen Apfelsaft und Most. Aus Sicht des Naturschutzes ist es sehr wichtig, Streuobstwiesen zu erhalten. Die alten Stämme eignen sich für Bruthöhlen von Vögeln. Auf den Wiesen kann sich oft eine artenreiche Pflanzenwelt entwickeln, die einer Menge Insekten und anderen Tieren einen Lebensraum bietet.

OBSTPLANTAGEN

Die traditionellen Obstwiesen mussten in vielen Regionen intensiv genutzten Obstplantagen weichen. Auf ihnen stehen niederstämmige Bäume gleichen Alters und Sorte dicht an dicht in Reihen. Die Krone dieser Gehölze setzt schon unterhalb deiner Hüfte an. Sie wird auf einer „erntefreundlichen" Höhe gehalten, sodass die Bäume oft eher an einen Strauch erinnern. Häufig zwingen die Obstbauern zusätzlich die Zweige mit Drähten und

Streuobstwiese mit hochstämmigen Apfelbäumen

Pfropfen: Mit der Unterlage verbundenes Edelreis

Stangen in eine bestimmte Wuchsform. In der Regel powern sich die dort gepflanzten Sorten innerhalb weniger Jahre vollständig aus. Sie liefern so viele und große Früchte, dass ihnen die Puste ausgeht und sie schon innerhalb einer Obstbauern-Generation ersetzt werden müssen. Ein Plantagenbaum ist in seiner Monokultur außerdem anfällig gegen Krankheiten und Schädlinge. Um Hagelschäden und Vogelfraß abzuwenden, überspannen oft Schutznetze die gesamte Plantage.

VEREDELUNG

Wahrscheinlich hast du schon davon gehört, dass die meisten Obstbäume „veredelt" sind. Wurzeln und ein Teil des Stammes gehören bei ihnen nicht derselben Art oder Sorte an wie der Rest des Stammes, Zweige, Blüten und Früchte. Mit der Veredelung vermehren Gärtner eine gewünschte Sorte so, dass sie als Klon mit demselben Erbgut erhalten bleibt und sie beliebig viele neue Bäume mit den gleichen Eigenschaften pflanzen können. Gärtner verbinden dazu mit besonderen Techniken – Pfropfen oder Okulieren – ein sogenanntes „Edelreis" oder „Edelauge" mit einer Unterlage. Für diese eignen sich nah mit dem Edelreis verwandte Bäume. Bei Apfelsorten kann es sich zum Beispiel um eine Wildapfelsorte handeln, bei Süß-Kirschen um die wilde Vogel-Kirsche. Die passende Unterlage verwächst mit der edlen Sorte. Dies ist ähnlich wie beim Menschen ein transplantiertes Organ vom Körper angenommen wird. Die Unterlage bildet nun keine eigenen Zweige, Blüten und Früchte, sondern versorgt– ganz uneigennützig – die edle Sorte mit Wasser und Nährstoffen, sodass diese wächst und gedeiht. Dabei kann sie jedoch die Wuchskraft, den Blütenansatz oder die Fruchtgröße der edlen Sorte beeinflussen. Sehr wuchsfreudige Unterlagen versorgen oft nicht nur die ihnen anvertraute Sorte, sondern bilden selbst noch „Wildtriebe". Wenn der Gärtner diese Triebe, die die Merkmale der Unterlage zeigen, nicht entfernt, können diese sich kräftig entwickeln und die edle Sorte sogar verkümmern lassen.

FELDHECKEN

In einer gut strukturierten Kulturlandschaft verlaufen zwischen Wiesen, Feldern und Obstkulturen Streifen mit verschiedenen Baum- und Straucharten, krautigen Pflanzen und Gräsern. Sie begrenzen die bewirtschafteten Flächen und schützen vor Wind und Erosion. Für Naturschützer gelten sie als Lebensadern in der Agrarlandschaft. Sie bieten vielen Vögeln, Insekten und anderen Tieren einen Lebensraum und verbinden auch verschiedene Biotope miteinander. Feldhecken fallen zwar in erster Linie durch die darin wachsenden Sträucher auf, doch ragen auch vereinzelt Bäume aus ihnen heraus. Manchmal sind es Arten, die auch im Wald wachsen, etwa Stiel-Eiche, Wald-Kiefer oder Hainbuche. Auch verwilderte Obstgehölze treten hier auf. Manche Bäume, etwa den Feld-Ahorn, siehst du besonders häufig in den Hecken.

Apfelplantage

WALD

ICH GLAUB', ICH STEH' IM WALD!

Doch in was für einem? In einem **Nadelwald** wachsen – du ahnst es schon – ausschließlich Nadelbäume. Sie bilden zum Beispiel in den Alpen die Wälder, die am weitesten oben auf den Bergen wachsen. **Laubwälder** dagegen beherbergen ausschließlich Laubbäume. Die für Mitteleuropa typischen Rot-Buchenwälder gehören dazu. Besteht der Wald aus verschiedenen Baumarten, egal ob Laub- oder Nadelbäume, handelt es sich um einen **Mischwald**. Jede Baumart muss dort aber so häufig vorkommen, dass sie ökologisch bedeutsam ist. Über den Daumen gepeilt: Auch hier gilt die aus der Politik bekannte Fünf-Prozent-Hürde.

DIE ROLLE DES WALDES

Es gibt sie nicht, die *eine* Rolle. Vielmehr haben Wälder ganz unterschiedliche Funktionen. Sicher fällt dir sofort ein, dass sie Holz liefern. Wenn du im Wald spazieren gehst, schätzt du seinen Erholungswert. Für Naturschützer und Artenschützer stehen der Lebensraum und die einzelnen Arten im Vordergrund. In den Bergen schützen Wälder außerdem vor Lawinen und der Erosion des Bodens. Bei so vielfältigen Aspekten prallen oft die Ansichten aufeinander, was man mit dem Wald machen und wie man mit ihm umgehen soll.

Nadelwald: Kiefernforst

WALD – ODER FORST?

Wäre Deutschland menschenleer, wäre es fast vollständig von Wäldern bedeckt. Wälder sind Lebensgemeinschaften, die bestimmte Bäume beherbergen und ein spezielles Klima aufweisen. Unter den Bäumen wachsen typische Waldpflanzen, etwa Bärlauch oder Maiglöckchen. Außerdem sind unzählige Tiere auf diesen Lebensraum angewiesen.
Ein Wald vermittelt oft das Gefühl, in unberührter Natur zu sein. Doch für die meisten Wälder bei uns trifft dies nicht zu. Vielmehr werden sie von Forstleuten bewirtschaftet: Sie fällen Bäume und pflanzen neue nach. Vom Menschen regelmäßig bewirtschaftete Wälder werden als **Forst** bezeichnet. Manche Forste bestehen nur aus gleich alten Bäumen einer einzigen Baumart. Fichten-Monokulturen sind ein Beispiel dafür. Es gibt aber auch Forste, in denen ausschließlich heimische Bäume unterschiedlichen Alters stehen, die auch wild an diesem Standort wachsen würden. Solche Forste ähneln natürlichen Wäldern.

NACHHALTIGKEIT

Heute bewirtschaften immer mehr Waldbesitzer ihren Wald nachhaltig. Sie nutzen den Wald also, indem sie nur so viel Holz entnehmen wie auch nachwachsen kann. Außerdem soll er als Lebensraum für Pflanzen und Tiere sowie als Erholungsort für uns Menschen erhalten bleiben. Eine möglichst naturnahe Bewirtschaftung findet dann statt, wenn der Mensch nur wenig eingreift und sich so weit als möglich an der natürlichen Waldentwicklung orientiert.

Mischwald

Waldbesitzer lassen es sich zertifizieren, wie sie ihren Wald bewirtschaften. Im Impressum dieses Buches findest du zum Beispiel das Logo „FSC". Dies ist ein weltweit gültiger Standard für nachhaltige Waldwirtschaft. In Deutschland waren 2022 rund 1,44 Millionen Hektar Wald nach diesem System zertifiziert. Das mit Abstand meistverbreitete Zertifizierungssystem nennt sich PEFC. In Deutschland wurden bis 2022 rund 8,7 Millionen Hektar Wald danach zertifiziert, das sind 78 Prozent der Waldfläche. Damit du als Waldbesucher zertifizierte Wälder erkennen kannst, stehen vielerorts entsprechende Schilder mit den Logos und Hinweisen.

FREMDLÄNDISCHE BÄUME

Gebietsfremde Pflanzenarten können sich bei uns ausbreiten und die heimische Tier- und Pflanzenwelt in ihren Lebensräumen stören und verdrängen. Solche „invasiven" Arten gibt es nicht nur bei den krautigen Pflanzen – davon kennst du vielleicht das Indische Springkraut, die Kanadische Goldrute oder die Ambrosie. Auch Holzgewächse können eine Gefahr für die Ökosysteme sein. Der Götterbaum und die Gewöhnliche Robinie gehören dazu. Sie vermehren sich ungehindert und dringen in natürliche Lebensräume wie Trockenrasen oder Auenwälder ein und verändern deren Artenzusammensetzung. Auch von Förstern gezielt gepflanzte Bäume wie Douglasie und Rot-Eiche stehen auf einer „Schwarzen Liste" des Bundesamtes für Naturschutz. Bei solchen Gehölzen prallen unterschiedliche Ziele aufeinander. Liefern fremdländische Arten nicht nur Holz, sondern helfen sie dabei, unsere Wälder in Zeiten des Klimawandels zu erhalten? Oder haben Neubürger im Wald grundsätzlich nichts zu suchen? Die Diskussionen zeigen, dass es manchmal schwierig ist, allen Seiten gerecht zu werden. Im Forst der Zukunft werden sicher viele heute von uns als fremdländisch angesehene, klimaresistente Arten stehen. Bei ihrer Auswahl wird es wichtig sein, dass es sich um solche handelt, die sich nicht unkontrolliert vermehren. So kann verhindert werden, dass sie heimische Arten verdrängen. Damit auch alteingesessene Waldbäume nicht zu kurz kommen, sollten außerdem die fremdländischen Arten nicht alleine in einem Forst wachsen. In gemischten Forsten können die Neubürger dann sogar eine echte Bereicherung sein. Sie machen diese klimatauglich für die Zukunft und tragen zum Erhalt des wichtigen Lebensraums Wald bei. Trotzdem sollte gelten: In Naturschutzgebieten, Naturwaldreservaten und Bannwäldern haben diese Bäume nichts verloren.

GEWÄSSER

WENN DAS WASSER BIS ZUM HALS STEHT

Allzu viel ist ungesund. Das gilt auch für Wasser. Natürlich braucht jeder Baum das flüssige Nass – der eine mehr, der andere weniger. Doch über eine längere Zeit oder sogar dauerhaft mit den Füßen in den Fluten zu stehen, ist eine ganz besondere Herausforderung, mit der nur wenige Baumarten klarkommen.

UFERZONEN UND AUENWÄLDER

Direkt am Ufer sowie in den Auenwäldern, die sich entlang von Bächen und Flüssen entwickeln, schwankt der Grundwasserspiegel stark. Ein Wechsel von Überschwemmungen und trockeneren Phasen prägt den Jahreslauf. Die Strömung des Wassers belastet die dort wachsenden Bäume. Entweder reißt sie ihnen die Erde zwischen den Wurzeln fort oder das Wasser lagert Kies, Sand und andere Mitbringsel ab und türmt sie um die Stämme auf. Weiden wie die Silber-Weide und die Bruch-Weide sowie Schwarz-Erle und Pappeln haben sich gut an solche häufig überschwemmten Standorte angepasst. In weniger lang unter Wasser stehenden Bereichen wachsen zum Beispiel Feld-Ulmen, Flatter-Ulmen oder Gewöhnliche Eschen.

BRUCHWÄLDER

Ist ein Waldboden dauerhaft nass und sumpfig, entwickelt sich ein Bruchwald. Der Wasserstand darin hängt vom hohen Grundwas-

Auenwald mit Silber-Weiden

Biberspuren

serspiegel ab und schwankt über das Jahr hinweg nur wenig. Dieser Wald muss nicht mit Wasserströmungen klarkommen, sondern damit, dass es einfach dauernd quietschend nass im Boden ist. Ist ein solcher Standort mit ausreichend Nährstoffen versorgt, wachsen besonders Schwarz-Erlen. Sie bilden dort Erlenbruchwälder. An nährstoffarmen, moorigen Standorten entwickeln sich Bruchwälder mit Moor-Birken und Wald-Kiefern.

HOCHWASSERSCHUTZ

Wissenschaftler gehen davon aus, dass Überschwemmungen als Folge des Klimawandels häufiger werden. Voraussichtlich werden auch Flächen davon betroffen sein, auf denen das Wasser bisher kaum längere Zeit stand. Wuchs dort bisher Wald, so wird sich dieser verändern. Arten wie Fichte oder Rot-Buche sind empfindlich gegen Staunässe. Sie überleben Überschwemmungen von mehr als zwei Wochen kaum ohne Schäden und sterben häufig ab. Stattdessen bekommen die natürlichen Auen- und Bruchwälder Zuwachs – durch neu angelegte Anpflanzungen in überflutungsgefährdeten Gebieten.

In vielen Gebieten wird zudem bereits seit Jahren nachhaltiger Hochwasserschutz betrieben: Anstelle von Flutmauern oder aufgeschichteten Sandsäcken sollen natürliche Rückhalteräume das Wasser von Städten, Straßen und Industriegebieten fernhalten. Herrscht gerade kein Hochwasser, liegen die entsprechenden Flächen mehr oder weniger trocken. Damit ihre Erde bei einem Wassereinbruch nicht weggespült wird, ist es am besten, darauf Bäume wachsen zu lassen. Waldbesitzer pflanzen dort sinnvollerweise solche Baumarten, die Hochwasser tolerieren. Dabei handelt es sich in erster Linie um Arten, die bereits aus den natürlichen Auen- und Bruchwäldern bekannt sind.

BAUMEISTER

Auch das größte bei uns heimische Nagetier, der Biber, betätigt sich entlang der Gewässer als Baumeister. Nachdem er im 19. Jahrhundert fast ausgerottet wurde, hat er in den letzten Jahrzehnten viele Flüsse, Bäche und Seen zurückerobert. Als Landschaftsgestalter fällt er mit seinen kräftigen Schneidezähnen Bäume, baut Dämme und staut Gewässer auf. Es entstehen Lichtungen und Biberteiche schaffen ruhige Oasen in Bächen. Das Wasser fließt dort nur langsam ab oder versickert im Untergrund. So kann auch dieses Tier maßgeblich zum Hochwasserschutz beitragen.

In den Biberteichen sterben Bäume ab, die Staunässe nicht vertragen. Ihre Leichen fallen aber meistens weniger auf als andere Spuren des emsigen Gesellen: Ist ein Biber an einem Fluss, wirst du die Stümpfe gefällter Bäume finden. Außerdem fallen viele dicke und dünne Stämme und Zweige auf, von denen der Baumeister besonders im Winter die Rinde geschält und gefressen hat. Doch ein Biber fällt nicht jeden Baum und räumt kein Ufer völlig kahl. Viele der von ihm bearbeiteten Bäume sind außerdem Weiden und Pappeln, von denen die zurückgelassenen Stümpfe und angefressenen Stämme rasch wieder austreiben.

STÄDTE UND STRASSEN

ROSSKASTANIE

Aesculus hippocastanum – Seifenbaumgewächse

HERKUNFT: Balkanhalbinsel **BLÄTTER**: sommergrün, Blättchen 8–18 cm lang **HÖHE BEI UNS**: 15–30 m **BLÜTEZEIT**: April–Juni, mit dem Laubaustrieb **FRÜCHTE**: 5–7 cm große Kapseln **TYPISCH**: bis 30 cm hohe, weiße Blütenkerzen; Kapseln stachelig, mit je 1–3 glänzenden Samen (Kastanien)

ERFOLGSGESCHICHTE Im Jahr 1561 schickte ein Gesandter des römisch-deutschen Königs Ferdinand I. die ersten Gewöhnlichen Rosskastanien von Konstantinopel nach Prag. Von dort aus gelangten sie nach Wien. In Deutschland pflanzten Fürsten und Adelige sie ab dem 17. Jahrhundert in ihre Gärten und Parks. Bis ins 19. Jahrhundert dachte man, der Baum stamme aus Kleinasien. Erst dann stellte sich heraus, dass er wild nur in unzugänglichen Gebirgen des Balkans vorkommt. Dorthin hatte er sich während der Eiszeiten zurückgezogen. Rosskastanien wachsen als ausladende Bäume mit dichtem, Schatten spendendem Laub. So verwundert es nicht, dass Bierbrauer in Bayern diesen Baum früher auf ihre Bierkeller pflanzten. Der Boden und die Keller darunter blieben selbst im Hochsommer kühl – eine wichtige Voraussetzung für gutes Bier. Erst später wurde es zur Tradition, in den Biergärten auch Bier auszuschenken.

IHRE TAGE GEZÄHLT? Ob die Rosskastanie ihr hohes Ansehen als Biergarten- und Parkbaum wahren kann, ist ungewiss. Über Jahrhunderte blieb sie von Krankheiten und Schädlingen weitgehend verschont. Im Jahr 1986 jedoch fiel erstmals ein kleiner Schmetterling an ihr auf: die Rosskastanienminiermotte. Sie war wohl mit Holztransporten aus dem Balkan gekommen und begann nun einen Eroberungsfeldzug durch Europa. In Deutschland kam sie 1993 an. Die Motte selbst wird dir kaum auffallen, denn sie ist winzig – gerade einmal so groß wie ein Schokostreusel. Ihre Larven bohren sich in das Blatt und fressen sich wie Grubenarbeiter durch das grüne Gewebe. Die Minen (Fraßgänge) vertrocknen zu braunen Flecken. Stark geschädigte Blätter schrumpeln ein oder fallen ab, fast so, als ob der Herbst zu früh dran wäre. Damit die Rosskastanie auch in Zukunft eine Zierde bleibt, entfernen Gärtner das Falllaub mit den Puppen der Motten. Kohl- und Blaumeisen haben in den letzten Jahren die Larven als neue Nahrungsquelle erschlossen: Sie halten sich an den Blättern fest und picken

nach den Tieren. Deshalb hängen Vogelliebhaber und Baumfreunde oft Nistkästen in die Bäume. Die Mottenmännchen lassen sich auch mit künstlichen Sexuallockstoffen in die Irre führen – sie finden dann ihre Weibchen nicht mehr.

VOM SPIELZEUG ZUR SEIFE Die glänzenden Kastanien sind echte Handschmeichler – ich habe im Herbst meistens eine davon in der Hosentasche. Auch du hast als Kind wahrscheinlich damit gespielt und lustige Figuren daraus gebastelt. Doch die Samen der Rosskastanie haben noch mehr zu bieten: Sie enthalten Saponine. Das sind waschaktive Pflanzenstoffe, die ähnlich wie chemische Waschpulver wirken. So schäumt es, wenn du Wasser mit zerkleinerten Kastanien schüttelst und du kannst dir damit auch die Hände waschen. Die Kastanien haben die gleichen Inhaltsstoffe wie Waschnüsse, die du als ökologisches Waschmittel kaufen kannst. Diese stammen von einem amerikanischen Baum und werden schon seit Jahrtausenden zum Waschen verwendet. Ganz passend gehören beide Gehölze zu den Seifenbaumgewächsen – der Name ist Programm! Für einen Waschgang mit Kastanien-Waschmittel genügen fünf bis zehn Kastanien. Du musst sie gut zerkleinern und über Nacht in Wasser einlegen. Danach siebst du sie ab. Die aufgefangene Flüssigkeit noch mit zwei Esslöffeln Essig versetzen, ins Waschmittelfach geben – und los geht's!

MERKMALE Die Blätter wirken, als ob sie aus fünf bis sieben Fingern zusammengesetzt wären. Jede der weißen Blüten hat einen Farbklecks in der Mitte. Er dient als Ampel für Bienen und Hummeln. Steht das Signal auf Gelb, ist die Nektartheke geöffnet und der Anflug lohnt sich. Steht es auf Rot, gibt es nichts mehr zu holen. In jedem Blütenstand entwickeln sich nur wenige Blüten zu den Kapseln, die im September oder Oktober aufplatzen.

ÄHNLICHE ART Die **Rotblühende Rosskastanie** (*Aesculus × carnea*) hat rote Blüten.

PLATANE

Platanus × hispanica – Platanengewächse

HERKUNFT: Kultur **BLÄTTER**: sommergrün, bis 25 cm breit **HÖHE**: 10–35 m **BLÜTEZEIT**: Mai, mit dem Laubaustrieb **FRÜCHTE**: Nüsse in bis 4 cm großen Fruchtkugeln **TYPISCH**: puzzleartig abblätternde Rinde

ROBUST IM NEHMEN Wenn es darum geht, südländisches Flair auf Plätzen zu erzeugen, ist die Ahornblättrige Platane oft die erste Wahl. Du kennst sie wahrscheinlich auch von Straßen und Plätzen im Süden, etwa aus Südfrankreich oder Italien. Dort ist es üblich, sie stark zu beschneiden. Auch bei uns liegt das vielerorts im Trend. Regelmäßig amputierte Stümpfe enden in dicken Knubbeln, die mit jedem Rückschnitt immer knorriger werden. Doch der Baum treibt zuverlässig wieder neue Zweige und beschattet mit seinem dichten Laub den Boden. Häufig siehst du auch in Form gezogene Bäume, die dann gemeinsam laubenartige Dächer bilden.

STRIPTEASE Vielleicht hast du dir schon mal den Spaß gemacht, lockere Schuppen von der Rinde abzulösen und die Formen dieser Puzzleplatten mit Tiergestalten und anderem zu vergleichen. Oft brauchst du gar nicht zu pulen, denn die Schuppen liegen schon am Boden. Da war aber keiner vor dir am Werk und der Baum ist auch nicht krank. Vielmehr gehört die Platane zu den Baumarten, die ihre äußeren Rindenschichten regelmäßig in großen Platten abwerfen. Bei ihr passiert dies gewöhnlich etwa alle drei bis vier Jahre und nicht im gesamten Stammbereich gleichzeitig. So entsteht das typische Patchwork-Muster auf der Rinde.
Ist der Sommer sehr warm, verdunsten die Bäume besonders viel Wasser. Ähnlich wie wenn du an einem Strohhalm saugst und dabei deine Backen schmäler werden, wird der Stamm am Tag durch den starken Wassersog der Krone etwas dünner. Nachts erreicht er wieder seinen normalen Durchmesser. Wissenschaftler haben dies nachgewiesen, indem sie nachts einen Eisenring um den Baum legten, der am folgenden heißen Tag am Stamm her-

abrutschte. Die bei diesem Jo-Jo-Effekt entstehenden Spannungen sorgen dafür, dass sich mehr und größere Rindenplatten als sonst üblich vom Untergrund lösen. Dabei ist manchmal sogar ein deutliches Knacken zu hören. Die großen Schuppen und langen Streifen hängen am Stamm herab und sammeln sich unter dem Baum.

KONFLIKTPOTENZIAL Seit etwa 200 Jahren ziert die Platane bei uns Parks, Alleen und Uferpromenaden. Manche Exemplare in den Städten stammen noch aus dieser Zeit. Durch die älteste Platanenallee Deutschlands kannst du in Tübingen flanieren. Sie verläuft auf einer Insel im Neckar und ist absolut autofrei. Doch sind die Tage der Senioren gezählt – nicht nur in Tübingen, wo Stadtgärtner an manchen Stellen bereits junge Bäume nachgepflanzt haben. Zwar können Platanen bis zu 300 Jahre alt werden, aber ihre Stämme werden mit zunehmendem Alter häufig hohl und Äste brechen ab. Viele Schäden und Verletzungen kann der Baum rasch wieder verschließen oder überwallen. Trotzdem entstehen verschieden große Höhlungen sowie faules Holz. Diese bieten zahlreichen Tieren einen wertvollen Lebensraum. Naturschützer setzen sich deshalb dafür ein, alte Platanen für Vögel, Fledermäuse, Käfer und andere Insekten zu erhalten. Gleichzeitig bangen Baumpfleger um die Verkehrssicherheit der Bäume.

MERKMALE Die Ahornblättrige Platane gilt als eine in Europa entstandene Kreuzung aus der Morgenländischen Platane (*Platanus orientalis*) und der Nordamerikanischen Platane (*Platanus occidentalis*). Im Jahr 1770 wurde sie nach in Spanien kultivierten Exemplaren beschrieben. Ohne Schnitt wachsen die Bäume sehr ausladend. Ihr Stamm kann 2–4 m dick werden. Oft wirkt er, als ob er eine zu große Hose trägt und diese in Wülsten herabgerutscht ist. Die Blüten hängen in kugeligen Ständen. Die Fruchtkugeln verbleiben meist über den Winter am Baum und zerfallen erst im Frühjahr in viele flugfähige, behaarte Nüsse.

ÄHNLICHE ARTEN Ahornarten, besonders der **Spitz-Ahorn** (S. 32), haben oft ähnlich geformte Blätter, die aber gegenständig angeordnet sind.

HAINBUCHE

Carpinus betulus – Birkengewächse

HERKUNFT: heimisch **BLÄTTER**: sommergrün, 5–12 cm lang **HÖHE**: 5–25 m **BLÜTEZEIT**: April–Mai, mit dem Laubaustrieb **FRÜCHTE**: bis 4 cm lange Flügelfrüchte **TYPISCH**: verdrehte, graue Stämme mit Längswülsten und Furchen

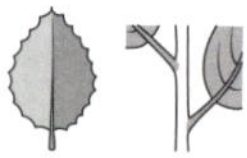

ALLGEGENWÄRTIG Dieses Gehölz kannst du praktisch überall sehen. In den Städten wächst es als Straßen- oder Parkbaum. Für Alleen, Straßen und entlang großer Gebäude verwenden Stadtgärtner dabei oft Zuchtformen mit tropfenförmiger oder schmaler Krone. Andere Exemplare werden als Gartenhecke oder Einzelkunstwerk in Form geschnitten. Außerhalb der Städte und Dörfer kommt die Art auf Feldern, an Waldrändern, in Auenwäldern und Laubmischwäldern vor. Die Hainbuche ist so beliebt und verbreitet, weil sie robust ist und sich nicht leicht kleinkriegen lässt. Selbst nach einem massiven Rückschnitt oder nach dem Fällen treibt sie rasch wieder aus. Im frühen Mittelalter waren Hainbuchen die klassischen Bäume für die damals weitverbreitete Niederwaldwirtschaft: Alle zehn bis 40 Jahre wurden sie geschlagen und wuchsen anschließend wieder nach. So entstand das typisch buschartige Aussehen dieser Waldform, die hauptsächlich der Brennholzgewinnung diente. Nur wenige andere Baumarten kamen mit dieser Bewirtschaftung zurecht. Kein Wunder, dass die Hainbuche in der Mythologie für Standfestigkeit, Mut und Gerechtigkeit steht.

HAINBUCHE, HAGEBUCHE Wie andere für den Menschen wichtige Bäume trägt auch die Hainbuche viele Namen. Hagebuche leitet sich davon ab, dass sich das Gehölz für Hecken und lebende Zäune eignet. Ein Hag bezeichnet einen meist von einer Hecke um-

gebenen Ort. Ein Hain dagegen ist ein kleiner Wald und leitet sich davon ab, dass Hainbuchen auch auf freiem Feld stehen können und dort Wäldchen bilden.

WEISSBUCHE Ihr Name Weißbuche bezieht sich auf das im Vergleich zur Rot-Buche viel hellere Holz. Hainbuchenholz ist hart, zäh und schwer. Es lässt sich nur schwer spalten, aber gut be- und verarbeiten. Als Eisen früher noch sehr teuer und für die meisten Leute unerschwinglich war, verwendete man es als Ersatz für dieses Metall. Das Holz lieferte unzählige Produkte, zum Beispiel Holzschrauben, Hackklötze für Metzger, Dreschflegel, Radwellen, Speichen, Zahnräder für Mühlen und Rollen für Flaschenzüge. Noch heute spielt es in Bereichen eine Rolle, in denen es auf die Widerstandsfähigkeit ankommt: So besteht die Mechanik eines Klaviers überwiegend aus Hainbuche. Auch für Hackklötze, Fleischerbänke und Hobel bleibt es unübertroffen. Sicher kennst du auch das Wort „hanebüchen". Es leitet sich vom mittelhochdeutschen Wort „hagebüchen" ab, was so viel bedeutet wie „aus dem Holz der Hagebuche". Ursprünglich bezeichnete man damit eine derbe, grobe und ungehobelte Person. Erst in jüngerer Zeit wandelte sich die Bedeutung zu „absurd" oder „unglaublich".

MERKMALE Die Hainbuche wächst als Baum oder Strauch und bildet sehr viele Äste aus. Die gesägten Blätter wirken durch eingesenkte Nerven wellblechartig. Die männlichen Blütenkätzchen sind blassgrün bis rötlich. Die weiblichen Blütenstände sitzen versteckt zwischen dem jungen Laub. Sie wachsen bis Oktober zu hängenden Fruchtständen heran (Bild linke Seite). Erst über den Winter lösen sich die Nüsse mitsamt ihren dreilappigen Flügeln und senken sich drehend zu Boden. Bei Stürmen kommen sie bis zu 1 km weit. An günstigen Orten keimen sie zuverlässig aus und sorgen so für reichlich Nachwuchs.

ÄHNLICHE ART Anders als es der Name vermuten lässt, ist die Hainbuche nicht mit der **Rot-Buche** (S. 128) verwandt. Die Rot-Buche hat ebenfalls einen grauen Stamm, der aber gleichmäßig rund ist. Ihre Blätter sind ganzrandig, die Früchte sitzen in einem harten Becher.

SPITZ-AHORN

Acer platanoides – Seifenbaumgewächse

HERKUNFT: heimisch **BLÄTTER**: sommergrün, 12–18 cm breit **HÖHE**: 15–25 m **BLÜTEZEIT**: März–Mai, vor dem Laubaustrieb **FRÜCHTE**: 4–5 cm lange Spaltfrüchte **TYPISCH**: Blätter mit 3–7 buchtig gezähnten, spitzen Lappen; Frucht mit 2 fast waagerechten Flügeln

AN ALLEN ECKEN In den Städten ist der Spitz-Ahorn ein typischer Straßenbaum. Zusammen mit Linden (S. 34, 36, 148, 150) gehört er vielerorts zu den Bäumen, die Stadtgärtner am häufigsten pflanzen. Er erträgt das Stadtklima recht gut und kommt auch klar, wenn seine Wurzeln in den verdichteten Untergrund der Straßen eingesperrt werden.

GELBE PRACHT Wenn du im Frühjahr einen Baum mit einer runden, gelben Krone siehst, ist das wahrscheinlich ein blühender Spitz-Ahorn. Er fällt dann nicht nur in den Städten auf, sondern auch an seinem natürlichen Standort im Wald. Dort leuchtet er richtig zwischen anderen noch kahlen Laubbäumen heraus. Tatsächlich ist er eine Besonderheit unter den heimischen Waldbäumen: Er lockt Insekten mit Nektar und Pollen, während die meisten anderen ihre Bestäubung dem Wind überlassen. Der Spitz-Ahorn kann es dabei zwar nicht ganz mit der etwa zur gleichen Zeit blühenden Sal-Weide (S. 152) aufnehmen, doch Imker schätzen den Baum als wichtige Bienenweide.

SÜSSER SAFT Wahrscheinlich hast du schon gesehen, dass im Frühjahr aus frisch gesägten Stämmen oder Aststümpfen manchmal eine Flüssigkeit tropft. Um diese Zeit mobilisieren Bäume ihre Reservestoffe aus Wurzeln und Rinde. Sie steigen mit dem Wasser in den Stämmen nach oben und lassen die Knospen schwellen und aufbrechen. Wird ein Baum in dieser Zeit verwundet, kann viel Blutungssaft austreten.

Bei allen Ahornarten enthält dieser reichlich Zucker – mehr als bei anderen Gehölzen. Schon im Mittelalter ritzten die Menschen deshalb Ahornstämme an und fingen den Saft auf. Sie kochten ihn zu Sirup oder nutzten ihn als Gärhilfe für Most und weinähnliche Getränke. Zucker aus Zuckerrohr war damals ein kaum erschwinglicher Luxusartikel. Er wurde erst günstig, als nach der Entdeckung Amerikas dort große Plantagen entstanden. Andere Zuckerquellen spielten dann kaum mehr eine Rolle. Ab 1806 konnte Deutschland jedoch wegen der von Napoleon verhängten Kontinentalsperre aus den englischen Kolonien keinen Zucker aus Zuckerrohr mehr importieren. Nun besannen sich die Menschen wieder verstärkt auf den „Zucker vor der

Haustüre". Ahornsirup konkurrierte nun mit Zucker aus den mittlerweile gezüchteten Zuckerrüben – und er unterlag diesen Feldfrüchten. Der Grund war einfach: Neu gepflanzte Ahornbäume brauchen Jahre, bis sie das erste Mal Saft liefern. Zuckerrüben dagegen können jährlich nach Bedarf gepflanzt werden. Außerdem konnte deren Zuckergehalt durch Züchtung massiv erhöht werden. Aktuell liegt er bei 17–22 Prozent. So stammt der Kristallzucker, den du heute im Kilopack kaufst, aus Zuckerrüben. Ahornsirup dagegen findest du nur in kleinen Flaschen als Importware aus Nordamerika. Der Zucker-Ahorn, von dem er meist stammt, enthält 5–7 Prozent Zucker im Blutungssaft. Beim Spitz-Ahorn liegt der Gehalt bei 3–4 Prozent. Das entspricht etwa einem Stück Würfelzucker in 100 ml Flüssigkeit, eine Menge, die in Limonade als moderat gelten würde. Das Blatt des Zucker-Ahorns sieht übrigens ähnlich aus wie das des Spitz-Ahorns und ziert die kanadische Flagge.

MERKMALE Bei freiem Stand bildet der Baum eine länglich-eiförmige bis fast runde, dicht belaubte Krone. Häufig siehst du auch Kugel-Spitz-Ahorne, bei denen die kugelige Krone oft weniger hoch ist als der Stamm. Die duftenden, in Büscheln stehenden Blüten sind etwa 1 cm groß. Gegen Ende der Blütezeit wirkt der Baum durch das sich nun langsam entfaltende Laub immer grüner.

ÄHNLICHE ARTEN Die Blätter erinnern an die einer **Platane** (S. 28). Der Spitz-Ahorn hat aber keine puzzleartige Rinde. Auch der **Berg-Ahorn** (S. 142) wächst häufig als Straßenbaum in den Städten. Seine Blattzipfel sind viel weniger spitz.

HOLLÄNDISCHE LINDE

Tilia × europaea – Malvengewächse

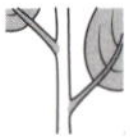

HERKUNFT: heimisch **BLÄTTER**: sommergrün, 6–10 cm lang **HÖHE**: 30–35 m
BLÜTEZEIT: Ende Juni–Mitte Juli **FRÜCHTE**: bis 1 cm große Nüsse
TYPISCH: 4–10 Blüten hängen gemeinsam unter einem zungenartigen Hochblatt

LINDENSTRASSE Auch Fernsehzuschauer, die keine Bäume unterscheiden können, kennen außer der Weihnachtstanne zumindest einen Baumnamen: die Linde, verewigt in der über 30 Jahre lang ausgestrahlten Fernsehserie „Lindenstraße". Tatsächlich sind Linden sehr wichtige und unübersehbare Stadtbäume. In München besteht ein Drittel der Straßenbäume aus Linden, Hamburgs Baumkataster weist über 20 Prozent Linden aus. Je nachdem, ob der Baum auf einem Platz, an einer Straße oder in einem Park stehen soll, wählen die Stadtgärtner speziell gezüchtete Sorten, die eine bestimmte Breite, Höhe und Kronenform entwickeln. Oft säumen Baumreihen mit fast gleich aussehenden Linden die Straßen. Passt der Standort, kann eine Linde viele Hundert Jahre alt werden.

ALLGEGENWÄRTIG Es ist kein neuer Trend, Linden in Städte und Dörfer zu pflanzen. Sie stehen schon seit Jahrhunderten im Zentrum von Siedlungen oder am Dorfbrunnen. Du kannst das sehr gut daran sehen, dass viele Orts- und Straßennamen den Begriff Linde enthalten. So steht die Lindenstraße aus der Fernsehserie stellvertretend für rund 7000 weitere Lindenstraßen in Deutschland. Und im deutschen Sprachraum soll es über 1100 Ortschaften geben, die die Linde im Namen tragen. Auch die in der Nähe meines Wohnorts liegende Stadt Lindau am Bodensee gehört dazu: Ihr Name bedeutet „Insel, auf der Lindenbäume stehen". Ein Lindenbaum ziert ihr seit dem 13. Jahrhundert nachweisbares Stadtwappen. Die häufigen Familiennamen Lindemann, Lind und Lindner gehen auf Personen

zurück, die in der Nähe einer Linde wohnten. Und nicht zuletzt sind unzählige Gasthöfe nach diesem Baum benannt.

Doch warum heißt die Linde so? „Lind" bedeutet mild, weich oder sanft. Die Rinde des Baumes enthält lange, weiche Bastfasern, aus denen unsere Vorfahren Flechtarbeiten wie Matten und Gürtel, aber auch Seile herstellten. Der Bast, den du heute zum Anbinden von Gemüse, zum Basteln oder als Dekomaterial kaufen kannst, stammt aber meistens nicht mehr von der Linde, sondern von einer Palme.

SYMBOLTRÄCHTIG Bei den Germanen fanden Volks- und Gerichtsversammlungen, die sogenannten Thinge, oft unter Linden statt. Den Baum selbst hatten sie Freya, der Göttin der Liebe und Fruchtbarkeit, geweiht. Auch in vielen anderen Kulturen und Zeiten hatte der eindrucksvolle Baum eine wichtige Bedeutung. Er stand für Gerechtigkeit, Liebe, Frieden und Heimat. Unter ihm feierten und tanzten die Menschen, es wurde Recht gesprochen und Verträge wurden unterzeichnet. Als Zentrum für die Gemeinschaft dienten solche Dorflinden ganz ähnlichen Zwecken wie unsere heutigen Mehrzweckhallen. In vielen Gegenden pflanzte man auch Linden bei besonderen Anlässen. Zahlreiche von ihnen erinnern die Menschen noch heute an das Ereignis – oft mit einer Beschreibung auf einem Schild. Vielleicht steht auch in deiner Nähe so ein lebendes Denkmal, zum Beispiel eine Friedenslinde oder eine Hochzeitslinde.

MERKMALE Der Baum ist ein natürlicher Bastard aus Winter-Linde (S. 148) und Sommer-Linde (S. 150). Seine unsymmetrischen, herzförmigen Blätter (Bild oben) sind im Sommer hellgrün, im Herbst gelb. Manchmal sind sie klebrig und glänzend. Dann sitzen Blattläuse auf den Bäumen. Sie saugen Blattsaft und scheiden überschüssigen Zucker als süßen Honigtau aus. Oft spritzt er richtig von den Bäumen. Du solltest deswegen dort lieber nicht parken oder es dir gemütlich machen. Die Früchte sind filzig behaart und lösen sich zusammen mit dem Hochblatt vom Baum.

ÄHNLICHE ARTEN Etwa gleich häufig findest du in den Städten verschiedene Sorten der **Winter-Linde** (S. 148). Auch die **Sommer-Linde** (S. 150), die **Silber-Linde** (S. 36) sowie andere Lindenarten können sich dazugesellen.

SILBER-LINDE

Tilia tomentosa – Malvengewächse

HERKUNFT: Südosteuropa, Kleinasien **BLÄTTER**: sommergrün, bis 15 cm lang **HÖHE BEI UNS**: 20–30 m **BLÜTEZEIT**: Ende Juni–Juli **FRÜCHTE**: bis 1 cm lange Nüsse **TYPISCH**: Blätter schimmern unterseits silbrig weiß

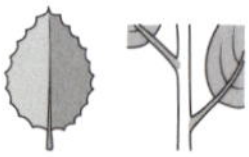

HUMMELBAUM An sonnigen Tagen saugen Bienen und Hummeln den zuckerhaltigen Nektar aus den duftenden Blüten aller Lindenarten. Doch die Silber-Linde kam im letzten Jahrhundert in Verruf. Naturfreunde fanden unter den blühenden Bäumen unzählige tote Hummeln. Man überlegte gar, sämtliche Silber-Linden zu fällen, um dem Hummelsterben ein Ende zu bereiten. Heute weiß man es besser: Die Tiere verhungern trotz des süßen Angebots. Im Gegensatz zu Honigbienen müssen Hummeln bei jedem Wetter ausfliegen und Nahrung suchen. Wenn die Silber-Linde blüht, gibt es in vielen Städten kaum andere lohnende Futterquellen. Die pummeligen Brummer machen sich deshalb aus einem größeren Umkreis zu den Bäumen auf. Sie verbrauchen dabei oft mehr Energie als sie auf den Silber-Linden tanken können. Heute ist der Ruf der Silber-Linde weitgehend rehabilitiert. Hummelfreunde propagieren nun, vermehrt diesen spätblühenden Baum zu pflanzen – und dazu möglichst viele andere Pflanzen, deren Blüten auch noch im Sommer reichlich Nektar abgeben.

MERKMALE Die schief herzförmigen Blätter drehen sich bei starker Besonnung so, dass ihre helle Blattunterseite das Sonnenlicht reflektiert. Dadurch verdunsten sie weniger Wasser. Die Blüten hängen zu fünft bis zu zehnt unter einem zungenförmigen Hochblatt. Die kugeligen Früchte lösen sich gemeinsam mit dem nun trockenhäutigen Hochblatt.

LEDERHÜLSENBAUM

Gleditsia triacanthos – Hülsenfrüchtler

HERKUNFT: östliche und zentrale USA **BLÄTTER:** sommergrün, Blättchen 2–4 cm lang **HÖHE BEI UNS:** 15–40 m **BLÜTEZEIT:** Mai–Juli **FRÜCHTE:** Hülsen **TYPISCH:** bis 40 cm lange, flache, braune, meist verdrehte Früchte

KLETTERSCHUTZ Außer den Früchten, die wie ein Stück eines alten Ledergürtels aussehen, macht ein eindrucksvolles Waffenarsenal diesen Baum oft unverkennbar: An den Ästen und am Stamm sitzen einfache oder verzweigte, harte und spitze Dornen, die bis zu 30 cm lang werden. Nicht selten bilden sie dort ganze Büschel, die nicht nur gefährlich wirken, sondern es auch sind. Sie schützen das Gehölz vor Wildverbiss und hindern größere Tiere daran, am Stamm hinaufzuklettern, um an die Früchte zu gelangen. Damit sich niemand in der Stadt an diesen pfeilscharfen Gebilden aufspießen kann, pflanzen Stadtgärtner meist Varianten ohne Dornen – 'Inermis', also „unbewaffnet" heißen diese dann ganz treffend. Ich habe aber auch schon gesehen, dass Gärtner die Dornen einfach gekappt und die Bäume so entwaffnet haben. Manchmal heißt der Baum auch „Falscher Christusdorn". Die Dornen würden ja für eine Dornenkrone passen, aber das amerikanische Gehölz wuchs zu biblischen Zeiten nicht in Israel. Da hätten die römischen Soldaten noch warten müssen, bis Kolumbus Amerika entdeckt hatte.

MERKMALE Die Fiederblätter setzen sich aus 14–28 stumpfen Blättchen zusammen. Die in kleinen Blütenständen stehenden grünlichen Blüten fallen kaum auf. Die Früchte hängen oft den ganzen Winter am Baum. Sie enthalten einen süßlichen Fruchtbrei und bis über 25 ovale Samen, die von Vögeln und kleinen Säugern verbreitet werden.

GINKGO

Ginkgo biloba – Ginkgogewächse

HERKUNFT: China **BLÄTTER**: sommergrün, bis 10 cm lang **HÖHE BEI UNS**: 10–30 m **BLÜTEZEIT**: April–Mai **FRÜCHTE**: 2–3 cm große Samen **TYPISCH**: Blätter erinnern in der Form an einen Entenfuß

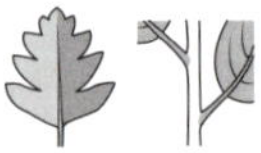

LEBENDES FOSSIL Die ersten Verwandten des Ginkgos besiedelten die Erde schon vor rund 250 Millionen Jahren – damals gab es noch den Superkontinent Pangaea. Im Erdmittelalter kamen verschiedene Ginkgo-Verwandte weltweit vor. Sie erlebten, wie die Dinosaurier fast alle Lebensräume der Erde eroberten. Noch vor etwa 1,8 Millionen Jahren wuchsen Ginkgogewächse auch in Nordamerika und Europa. Erst als sich das Klima im Rahmen der Eiszeiten verschlechterte, starben sie aus. Den Ginkgo, den wir heute bewundern, gibt es seit der Kreidezeit, also seit über 100 Millionen Jahren. Wahrscheinlich ist er damit die noch älteste lebende Pflanzenart der Erde. Er überlebte das Aussterben der Dinosaurier und bekam mit, wie die ersten Laubbäume immer mehr mit Nadelbäumen konkurrierten. Allen Widrigkeiten zum Trotz überdauerte der Ginkgo in einem wenige Quadratkilometer großen Gebiet in Südostchina. Im Jahr 1730 gelangte das erste Saatgut nach Europa. Heute kannst du das älteste europäische Exemplar im holländischen Utrecht bestaunen. Es ist über 250 Jahre alt. Aber um schöne Ginkgos zu sehen, brauchst du gar nicht so weit zu gehen. Fast in jeder Stadt stehen Exemplare in einem Park, an Straßen oder in Privatgärten.

Die äußere, fleischige Samenschale – das, was wie Fruchtfleisch aussieht – enthält Buttersäure und riecht deshalb widerlich nach Schweißfüßen! Trete lieber auf keine Frucht, denn der ranzige Geruch setzt sich auch auf Schuhsohlen fest. Ist die „Stinkeschicht" erst mal weg, siehst du eine helle, harte Schale. Das Gebilde erinnert nun an eine Pistazie und lässt sich auch genauso aufknacken. Chinesen und Japaner essen die weichen Kerne. Ab und zu kannst du sie auch im Asialaden als Konserve kaufen. Ich habe die Kerne auch schon probiert – und dazu im Winter Samen aufgelesen, bei denen die weiche Schicht schon vermodert war. Sie schmecken ganz angenehm, etwas nussartig, aber sie extra zu sammeln lohnt sich aus meiner Sicht nicht.

ROBUST Wer es so lange auf der Erde aushält, muss sehr widerstandsfähig sein. Der Baum erträgt Trockenheit und Hitze ebenso wie Luftverschmutzung. Er gilt sogar als resistent gegenüber Feuer. Tatsächlich hält die trockene und leichte Rinde die Hitze eines Feuers vom Stamminneren fern, nur die Oberflächentemperatur steigt schnell an. Wenn ein Ginkgo nach einem Brand rasch wieder grün wird, hängt dies aber vor allem damit zusammen, dass er sich gut regenerieren kann. Dazu hat er versteckte Knospen an Stämmen und Ästen sowie unter dem Boden wachsende wurzelartige Triebe. Damit lässt es sich auch erklären, dass ein Ginkgo wohl als einziger Baum im Jahr 1945 die Atombombenexplosion in Hiroshima überlebte.

NACKTE SAMEN Obwohl der Ginkgo eine flache Blattspreite hat, ist er kein Laubbaum. Vielmehr gehört er wie die Nadelbäume zur Pflanzenklasse der Nacktsamer. Seine Samenanlagen sind also nicht in Fruchtblätter eingeschlossen. Im Unterschied zu den harten Samen der Nadelbäume sehen Ginkgosamen aber aus wie kleine Pflaumen oder Aprikosen (Bild oben). Hiervon leitet sich der Name des Gehölzes ab: „gin-kyo" ist japanisch und heißt Silberaprikose. Meist wirst du unter einem Ginkgo vergeblich nach Samen suchen. Es gibt männliche und weibliche Exemplare, Gärtner bevorzugen eindeutig die Männchen. Die Weibchen stinken nämlich zum Himmel:

MERKMALE Die Blätter sind im Umriss dreieckig oder fächerförmig, häufig auch zweilappig. Sie färben sich im Herbst leuchtend gelb. Ihre Nerven verlaufen gabelig, fächerförmig. Die männlichen Blüten sitzen in Kätzchen, die weiblichen sind unscheinbar.

BAUM-HASEL

Corylus colurna – Birkengewächse

HERKUNFT: Balkanhalbinsel, Kleinasien **BLÄTTER**: sommergrün, 8–15 cm lang **HÖHE BEI UNS**: 10–20 m **BLÜTEZEIT**: Februar–April, vor dem Laubaustrieb **FRÜCHTE**: 1–2 cm große Nüsse **TYPISCH**: bis über faustgroße, ballartige Knäuel aus klebrig-drüsigen Fruchthüllen

GUT ANGEKOMMEN Diesen Baum kannst du mittlerweile in fast jeder Stadt als Straßenbaum finden. Er erträgt Luftverschmutzung und schirmt Lärm mit seinem dichten Laub sehr gut ab. Trockenheit steckt die Baum-Hasel problemlos weg, wächst aber auch an nassen Standorten. Ihre starke Pfahlwurzel durchdringt selbst schwierige und feste Böden. Um unsere Wälder für die Klimaerwärmung zu rüsten, pflanzen Förster sie mittlerweile auch als Klimabaum mit Zukunftschancen. Das Gehölz braucht jedoch viel Licht und passt deshalb nur in lockere Kulturen. Möbelschreiner kennen das Holz als „Türkisch Nuss". Es fault kaum und kann auch im Wasserbau verwendet werden. Bis Mitte des 19. Jahrhunderts war es besonders in Wien ein beliebtes Möbelholz. Es kam in großen Klötzen über die Donau in die Stadt. Dann verdrängten Walnuss- und Kirschbaum sowie Mahagoni die Baum-Hasel für kostbare Möbel.

FREUD UND LEID Regelmäßig komme ich in eine von Baum-Haseln gesäumte Straße und kenne so den Baum in allen Facetten. Im Frühjahr stäuben bereits bei leichtem Wind gelbe Pollenwolken aus den Blütenkätzchen. Nur wenige Pollenkörner gelangen an ihr eigentliches Ziel: auf die unscheinbaren weiblichen Blüten. Der meiste Blütenstaub legt sich als gelbe Schicht auf Autos, Fensterscheiben oder wirbelt durch offene Fenster in die Wohnungen. An einer solchen Straße sollte kein Pollenallergiker wohnen! Die verblühten Kätzchen fallen bald ab und bilden einen Teppich auf Gehwegen und Straßen – fast, als ob es schon Herbst wäre. Sobald ab Ende August die Nüsse reifen, tauchen Buntspecht, Eichelhäher und Eichhörnchen auf und bedienen sich an der reich gedeckten Straßentheke.

Wenn die Fruchtknäuel abfallen, kommen weitere Nussliebhaber hinzu. Sie profitieren von den vierrädrigen Nussknackern – den Autos. Meisen, Spatzen, Finken und andere Vögel, die die harten Nüsse nicht aufmeißeln können, gelangen nun an die nahrhaften Delikatessen. Dohlen und Rabenkrähen machen es besonders geschickt: Sie packen die Nussbüschel oder einzelne Nüsse, verfrachten sie auf die Fahrbahn und warten, bis ein Auto darüberfährt. Während das Angebot für die Vögel ein echter Gewinn ist, entpuppt es sich leider oft als tödliche Falle für Eichhörnchen. Anstatt auf dem Baum zu bleiben, huschen die Tiere im Zickzack über die Straße und können selbst umsichtigen Autofahrern unter die Räder kommen. Für viele Tiere in der Stadt sind die Nüsse eine wertvolle Herbst- und Winternahrung. Alleine in Osnabrück konnte ein Zoologe drei Säugetier- und 23 Vogelarten beobachten, die die Nüsse fressen. Wir haben meist weniger Freude an den Fruchtbällen. In ertragreichen Jahren können sie Gehwege und Straßen übersäen und zu Stolperfallen werden oder klebrige Kleckse auf dem Autolack hinterlassen. Es ist auch nicht damit getan, sie einmal wegzukehren, denn viele Knäuel fallen erst während des Winters ab. In einem Jahr habe ich eine ganze Schüssel Nüsse aus den Knäueln gepult und wollte so selbst in den Genuss der Kerne kommen. Das war jedoch ein echtes Krafttraining. Nur mit Mühe konnte ich sie knacken, die Kerne zersprangen dabei meistens in kleine Stückchen. Und der Geschmack kommt nicht an den von Haselnüssen der Gewöhnlichen Hasel oder der oft im Handel erhältlichen Großen Hasel heran. So landete die Ausbeute meiner Arbeit letztendlich im Futterhaus der Vögel.

MERKMALE Der Baum bildet einen geraden Stamm und eine pyramidenförmige Krone. Im Herbst färbt sich das Laub goldgelb. Die männlichen Blütenkätzchen werden über 10 cm lang. Die extrem harten Nüsse sitzen tief in den zerschlitzten Fruchthüllen und fallen meist in diesen ab.

ÄHNLICHE ART Die **Gewöhnliche Hasel** (*Corylus avellana*) wächst als ausladender Strauch, selten als richtiger Baum, an Waldrändern und in Laubwäldern. Ihre becherförmige Fruchthülle trägt keine Drüsen und ihre Nüsse sind viel leichter zu knacken.

SCHNURBAUM

Styphnolobium japonicum – Hülsenfrüchtler

HERKUNFT: China, Korea **BLÄTTER**: sommergrün, Blättchen ca. 3 cm lang **HÖHE BEI UNS**: 12–20 m **BLÜTEZEIT**: August–September **FRÜCHTE**: 5–8 cm lange Hülsen **TYPISCH**: große gelblich weiße Blütenstände, erscheinen erst im Spätsommer

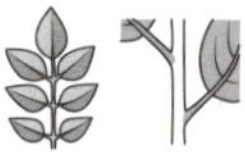

BIENENWEIDE Der Japanische Schnurbaum ist das Gehölz, nach dessen Namen ich als Biologin am häufigsten gefragt werde. Seine späte Blütezeit und die üppige Blütenpracht heben ihn von praktisch allen anderen Bäumen bei uns ab und fallen jedermann auf. Für Bienen und Hummeln ist er eine willkommene Nahrung zu einer Zeit, in der sie sonst nur wenig blühende Pflanzen finden. Jede Blüte kann bis 1,5 mg Nektar am Tag bilden, das meiste davon in den Morgenstunden. Mit einem Zuckergehalt von fast 50 Prozent ist das eine echte Energiequelle, welche die emsigen Sammlerinnen fleißig anzapfen.

KOSTBARE KNOSPEN Die getrockneten Blütenknospen sind irreführend als Chinesische Gelbbeeren oder Natalkörner bekannt. Sie enthalten bis zu 20 Prozent eines gelben Stoffes. Dieses Rutin ist heutzutage ein wichtiger Wirkstoff in Arzneimitteln gegen Venenprobleme. Hierzu wird es nicht nur aus den Knospen des Schnurbaums, sondern auch aus Buchweizenkraut extrahiert. Im Chi-

nesischen Kaiserreich lieferten die Knospen den Farbstoff zum Gelbfärben der seidenen Mandaringewänder, mit denen sich Beamte kleideten. Auch die Japaner kannten die gold- bis orangegelbe Farbe und verwendeten sie ausschließlich für kaiserliche Gewänder. Wenn du heute jedoch ein Produkt in Mandaringelb findest, wurde dieses mit einem aus Teer gewonnenen Farbstoff gefärbt.

LINNÉS IRRTUM Der berühmte schwedische Botaniker Carl von Linné entwickelte im 18. Jahrhundert ein neues Prinzip für die wissenschaftliche Benennung von Tieren und Pflanzen, das immer noch gültig ist. Bei dieser sogenannten Binären Nomenklatur bestehen die Namen aus zwei Teilen, der erste steht für die Gattung (*Styphnolobium*), der zweite für die Art (*japonicum*). Linné selbst betrachtete sein „Aufräumen" bei den Namen unter dem Motto: „Gott schafft, Linné ordnet". Nicht immer gelang ihm jedoch ein Volltreffer für eine sinnvolle Benennung. Für den Schnurbaum, dessen Samen erstmals 1747 nach Frankreich gelangten, vermutete er Japan als Heimatland – und lag daneben. Die Japaner kultivieren das Gehölz zwar schon lange, doch seine Ursprungsgebiete liegen in China und Korea. Bis heute hat sich aber der Bezug zu Japan sowohl im deutschen als auch im wissenschaftlichen Namen gehalten. Auf Deutsch heißt der Baum auch Japanischer Pagodenbaum.

UNVERWÜSTLICH Der Baum erträgt nicht nur Trockenheit und Hitze, sondern auch Abgase. Er wächst gut an Hauptstraßen mit sehr viel Verkehr und in Industriegebieten. Da seine Zweige im Jahr einen halben Meter und mehr wachsen können, müssen Stadtgärtner sie

vielerorts regelmäßig zurückschneiden. Doch selbst bis auf den Hauptstamm gestutzt, treibt der Baum wieder aus. Solche Exemplare blühen aber leider oft für längere Zeit nicht mehr.

MERKMALE Der Baum bildet eine breite, runde Krone. Seine bis 25 cm langen Blätter sind aus sieben bis 17 ganzrandigen Blättchen zusammengesetzt. Im Herbst färben sie sich goldgelb. Die lockeren Blütenstände können bis 35 cm lang werden. Sie stehen aufrecht oder waagerecht. Die giftigen Hülsen wirken wie kurze Ketten aus ein bis fünf Perlen. Die Verdickungen zeigen dir an, wo ein Same in der fleischig ledrigen Frucht sitzt. Dieser auffälligen Fruchtform verdankt das Gehölz seinen Namen. Meistens reifen die schwarzen Samen bei uns nicht aus. In Parks steht manchmal auch eine Zuchtform, der Japanische Hänge-Schnurbaum. Dieser bildet malerische, bizarr gewundene Äste, blüht aber in der Regel nicht.

ÄHNLICHE ARTEN Die **Gewöhnliche Robinie** (S. 156) blüht früher im Jahr und bildet hängende Blütentrauben. Der **Goldregen** (S. 80) hat hängende Blütentrauben mit leuchtend gelben Blüten.

GÖTTERBAUM

Ailanthus altissima – Bittereschengewächse

HERKUNFT: Nordchina **BLÄTTER**: sommergrün, Blättchen bis 15 cm lang **HÖHE BEI UNS**: 20–25 m **BLÜTEZEIT**: Juni–Juli **FRÜCHTE**: 3–5 cm lange Flugfrüchte **TYPISCH**: Blättchen mit großen Drüsen auf der Unterseite

HIMMELSBAUM Der wissenschaftliche Name lässt sich übersetzen mit „höchster Baum des Himmels". Selbst in seiner Heimat wird der Baum jedoch kaum mehr als 30 m hoch und bleibt als mittelgroßer Baum damit sogar kleiner als eine Rot-Buche. Der Name hängt vielmehr mit dem rasanten Wachstum des Gehölzes zusammen: Bis zu 4 m im Jahr können das bei einem jüngeren Exemplar sein, schon nach 15 Jahren ist der Baum gut 20 m hoch. Er hat es also viel eiliger, „zu den Göttern" zu kommen als die meisten anderen Bäume.

TEUFELSZEUG Als der Baum Mitte des 18. Jahrhunderts nach Europa kam und als Ziergehölz Gärten und Parks bereicherte, dachte niemand daran, dass er eher ein Fluch als ein göttlicher Segen sein könnte. Schließlich ist er anspruchslos und erträgt Abgase und Rauch ebenso wie Streusalz, Hundeurin und Trockenheit. Damit ist er eigentlich ein idealer Stadtbaum, der noch heute gerne als Straßenbaum und in Industriegebiete gepflanzt wird. Doch jetzt kommt das Aber: Das Gehölz wächst nicht nur rasch, sondern vermehrt sich auch „wie die Karnickel". Und wie die Kaninchen in Australien ist der Götterbaum bei uns eine invasive Art. Er steht auf der „Schwarzen Liste" des Bundesamtes für Naturschutz – keine rühmliche Auszeichnung. Dort landen nur solche gebietsfremden Pflanzen und Tiere, die sich so stark ausbreiten, dass sie die heimische Artenvielfalt gefährden. Beim Götterbaum kann man zu Recht in Ab-

wandlung von Goethes geflügeltem Wort sagen: „Die Götter, die ich rief, werd' ich nun nicht mehr los": Seine Samen keimen zwischen Pflastersteinen oder an Hauswänden ebenso wie in Kellerschächten und auf Baumscheiben. Nachwuchs zeigt sich besonders häufig an Bahnhöfen und entlang von Bahngleisen in größeren Städten. Dort wirbeln vorbeifahrende Züge die Flugfrüchte an geeignete Keimplätze. Und als ob die Vermehrungsfreudigkeit über Samen nicht schon ausreichen würde, hält der Baum noch weitere Strategien bereit: Er bildet an den Wurzeln Ausläufer, die sogar Asphalt durchdringen können und zu dichten Beständen wuchern. Besonders das Wurzelwerk von gefällten Bäumen meldet sich oft massiv mit einer solchen Wurzelbrut zurück. Auch der Stumpf selbst kann wieder austreiben. In der Stadt kann jedoch der Grünaspekt, den verwilderte Götterbäume ins trostlose Grau von Häuserfluchten und in Areale mit Bauruinen bringen, durchaus positiv wirken. Vielleicht hat der Baum deshalb den Spitznamen „Ghettopalme" bekommen. Nach dem Zweiten Weltkrieg, als er in den zerbombten Städten wie Phoenix aus Schutt und Asche wuchs, nannte man ihn eine Zeit lang „Trümmerbaum". Doch spätestens wenn Ausläufer oder Samen in die freie Natur gelangen und die Bäume dort heimische Pflanzen verdrängen, ist Schluss mit lustig. Für einen Götterbaum ist ein warmer Trockenhang oder ein Kiefernwald ein echter Garten Eden. Wenn du einen solchen Standort kennst und die Eindringlinge bekämpfen möchtest, denk' daran: Ausgerissene Pflanzen können auch im Kompost weiterwachsen und selbst Stücke von Ausläufern bilden neue Pflanzen. Erkundige dich bei deiner Stadt oder bei Naturschützern, wie du vorgehen kannst.

MERKMALE Die Blätter riechen zerrieben unangenehm. Sie setzen sich aus meist 13–25 spitzen Fiederblättchen zusammen, die je ein bis vier Blattzähne aufweisen. Jeder dieser Zähne trägt eine Drüse, die süßen Nektar absondert und Ameisen anlockt. Männliche und weibliche Blütenstände sitzen auf verschiedenen Bäumen. Sie ragen gelblich weiß über die Blätter hinaus und locken Bienen und Hummeln an. An weiblichen Bäumen entwickeln sich umfangreiche, dekorative Fruchtstände, die anfangs gelb und rötlich gefärbt sind (Bild oben). Die Früchte sind auf zwei Seiten geflügelt, wobei der Flügel in sich gedreht ist (Bild unten). Wenn der Wind sie abreißt, schrauben sie sich drehend durch die Luft. So sinken sie erst langsam und oft weit entfernt zu Boden.

PARROTIE

Parrotia persica – Zaubernussgewächse

HERKUNFT: Nordiran, Kaukasus **BLÄTTER**: sommergrün, 6–10 cm lang **HÖHE BEI UNS**: 5–12 m **BLÜTEZEIT**: März–April **FRÜCHTE**: 1 cm lange Kapseln **TYPISCH**: in Büscheln stehende Blüten mit roten Staubbeuteln, erscheinen vor dem Laubaustrieb

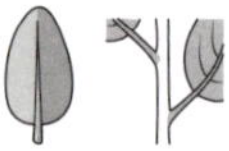

EISENHOLZ Das Gehölz ist auch unter dem Namen „Persischer Eisenholzbaum" bekannt. Ich mag diesen Namen nicht so, denn als Eisenholz werden die Hölzer von weit über 100 ganz unterschiedlichen Baumarten bezeichnet. Ihre Gemeinsamkeit ist lediglich, dass ihr Holz hart und schwer ist. Nicht ganz wie echtes Eisen, aber bei der Parrotie und den meisten anderen Eisenhölzern wiegt es so viel, dass es im Wasser untergeht. Von wegen also: „Holz schwimmt"!

MERKMALE Der kleine Baum bildet häufig nur einen kurzen Stamm und bereits in Bodennähe die ersten bizarr geschwungenen Äste. Als Straßenbaum wird er als Hochstamm (S. 57) gezogen. Die Rinde blättert im Alter ähnlich wie bei einer Platane ab. Die Blätter fühlen sich etwas ledrig an. Sie sind dunkelgrün, zum gewellten Rand hin oft rötlich, verkehrt eiförmig, etwas unsymmetrisch und vorne stumpf. Im Herbst bieten sie ein prächtiges Farbenspiel in Gelb, Orangerot und Scharlachrot.

ÄHNLICHE ARTEN Die **Rot-Buche** (S. 128) hat etwas ähnliche, aber zugespitzte Blätter. Bei der **Ahornblättrigen Platane** (S. 28) sind die Blätter handförmig gelappt.

ZÜRGELBAUM

Celtis australis – Hanfgewächse

HERKUNFT: Südeuropa **BLÄTTER**: sommergrün, 5–12 cm lang **HÖHE BEI UNS**: 10–25 m **BLÜTEZEIT**: Mai **FRÜCHTE**: bis 1,2 cm große Steinfrüchte **TYPISCH**: lang zugespitzte Blätter mit 3 starken Nerven, von denen die seitlichen bogenförmig verlaufen

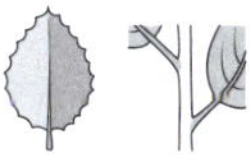

DER SÜDEN KOMMT Wenn du Städte in Südeuropa besucht hast oder in Wien warst, bist du bestimmt schon unter Zürgelbäumen spazieren gegangen. Sie gehören dort zu den wichtigsten Bäumen für Straßengrün. Das Gehölz entwickelt sich selbst in praller Sonne und bei Trockenheit prächtig und ist robust gegenüber anderem Stress, dem es in Städten ausgesetzt ist. So erstaunt es nicht, dass Stadtgärtner auch bei uns den Südlichen Zürgelbaum pflanzen. Er gilt als gute Alternative zur Platane, die immer mehr unter Krankheiten leidet. In kalten Regionen kann Frost den Zürgelbaum schädigen. Heizen sich unsere Städte durch den Klimawandel noch mehr auf, werden wir ihn wohl häufiger als Schattenspender dort antreffen.

MERKMALE Der Baum besitzt eine ziemlich glatte, graue Rinde und bildet eine runde, im Alter schirmförmige Krone mit oft peitschenartigen Zweigen. Das Laub wirkt hell. Aus den unscheinbaren Blüten entwickeln sich bis September violettbraune Steinfrüchte. Mit ihren recht langen Stielen erinnern sie an kleine Kirschen. In Südtirol heißen sie Zürgeln und werden zu Süßspeisen verarbeitet. Gekocht schmecken sie etwas nach Marzipan. Das Holz ist hart und gleichzeitig elastisch. Es wird als „Triester Holz" besonders für Blasinstrumente, Angelruten und Ruder verwendet.

ÄHNLICHE ARTEN Mit der glatten Rinde erinnert der Baum an eine **Rot-Buche** (S. 128). Diese hat aber andere Blätter und Früchte. Selten kannst du in der Stadt oder im Park auch einen **Amerikanischen Zürgelbaum** (*Celtis occidentalis*) entdecken. Er ist an seiner stark wulstigen Rinde und den nur kurz zugespitzten Blättern gut zu erkennen.

BLUMEN-ESCHE

Fraxinus ornus – Ölbaumgewächse

HERKUNFT: Südeuropa, Kleinasien **BLÄTTER**: sommergrün, Blättchen 4–10 cm lang **HÖHE BEI UNS**: bis 15 m **BLÜTEZEIT**: Mai–Juni **FRÜCHTE**: 2–4 cm lange Flugfrüchte **TYPISCH**: große, fedrige Büschel mit weißen Blüten erscheinen mit oder kurz nach dem Laubaustrieb

DER EXOT Während alle andere Eschen auf den Wind als Bestäuber bauen, lockt die Blumen-Esche mit ihren plustrigen Blütenständen Bienen und Hummeln an. Sie finden in den Blüten etwas Nektar und viel nahrhaften Pollen. In ihren Heimatregionen zählen Imker sie zu den wichtigen Bienenfutterpflanzen. Wenn du eine Blumen-Esche kennst, wirst du auch bei uns Bienen in der Krone summen hören und kannst den süßen Duft genießen. Ein solcher Baum macht sich übrigens auch gut in deinem Garten.

MANNA-ESCHE Die Blumen-Esche heißt auch Manna-Esche. Wenn sie verletzt wird, tritt aus den Wunden ein Saft aus, der an der Luft zu einer weißen, zuckersüß schmeckenden Masse erhärtet – dem „Manna". Dieses enthält rund 13 Prozent des süßen Zuckeralkohols Mannitol, der auch einfach nur Mannit genannt wird. Er eignet sich als Heilmittel gegen Husten und Verstopfung. In Lebensmitteln findest du Mannit zum Beispiel in zuckerfreien oder zuckerreduzierten Süßigkeiten, Soßen und Marmeladen. Auf der Zutatenliste erkennst du es an der Nummer E 421. Da der Körper kein Insulin braucht, um Mannit zu verarbeiten, können auch Diabetiker ihre Speisen ohne Bedenken damit süßen. Vom 16. bis ins 19. Jahrhundert war Manna ein wichtiges Handelsprodukt, das hauptsächlich von Eschen aus Kalabrien und Sizilien stamm-

te. Heute braucht man keine Manna-Eschen mehr anzuritzen, um den Bedarf an Mannit zu decken. Die Lebensmittelindustrie stellt es mittels Enzymen aus Fruchtzucker (Fruktose) her. Manna aus Manna-Eschen kannst du nur selten kaufen und dies zu einem recht hohen Preis. Anbieter von Naturprodukten bringen die beste Sorte unter der Bezeichnung „Manna cannellata" in den Handel. Das Manna in der Bibel, das Gott für Moses und sein Volk vom Himmel regnen ließ und von dem sich die Israeliten auf ihrer Wanderung durch die Wüste ernährt haben, stammt übrigens nicht von der Manna-Esche. Diese süße Götterspeise lässt sich am ehesten bestimmten Schildläusen zuordnen, die auf Tamarisken leben. Sie saugen den Pflanzensaft dieser Wüstensträucher und scheiden zuckerreiche Tröpfchen aus, den sogenannten Honigtau. Er trocknet zu kleinen Kügelchen, die morgens auf den Pflanzen liegen. Noch heute sammeln Beduinen auf der Sinaihalbinsel diese als Süßungsmittel. Die Bezeichnung Manna wurde wohl erst im 16. Jahrhundert auf das süße Eschenprodukt übertragen.

MERKMALE Der kleine Baum bildet eine recht lockere, gewölbte Krone. Es gibt auch Kugel-Blumen-Eschen mit dichter, kugeliger Krone und Säulen-Blumen-Eschen mit länglich-schlankem Wuchs. Mit ihren tiefen Wurzeln trotzt die Blumen-Esche auch starkem Wind. Die Blätter bestehen aus fünf bis neun Blättchen und farben sich im Herbst gelb. Die meist zwittrigen Blüten (Bild oben) haben vier schmale weiße Kronblätter. Die Flügelnüsse (Bild linke Seite) sind schmal und 2–4 cm lang.

ÄHNLICHE ARTEN Die **Gewöhnliche Esche** (S. 166) findest du kaum in Städten. Dagegen zählt die anspruchslose **Rot-Esche** (*Fraxinus pennsylvanica*) ebenso wie die Blumen-Esche zu den neuerdings gepflanzten Straßenbäumen (Bild unten). Die Rot-Esche hat schmälere Blättchen. Blumen- und Rot-Esche sind anspruchslos, ertragen Abgase und kommen gut mit Wärme sowie Trockenheit zurecht. Im Gegensatz zur Gewöhnlichen Esche sind sie kaum anfällig gegenüber dem Eschentriebsterben (S. 166).

PARK UND GARTEN

SERBISCHE FICHTE

Picea omorika – Kieferngewächse

HERKUNFT: Serbien, Bosnien und Herzegowina **BLÄTTER**: immergrün, 12–20 mm lang **HÖHE BEI UNS**: 12–15 m **BLÜTEZEIT**: Mai–Juni **FRÜCHTE**: 3–6 cm lange Zapfen **TYPISCH**: sehr schlanker, schmaler, an eine Säulen-Zypresse erinnernder Wuchs

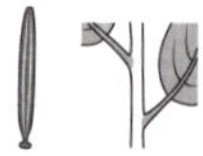

RÜCKZUG Im Zeitalter des Tertiärs (also vor 65–2,6 Millionen Jahren) und während der letzten Zwischeneiszeiten wuchsen Vorfahren der Serbischen Fichte in weiten Teilen Europas. Die Gletscher der letzten Eiszeit drängten sie jedoch in das Tara-Gebirge zwischen Serbien sowie Bosnien und Herzegowina zurück. Obwohl die Serbische Fichte als Pionierart gilt und regelmäßig viele Zapfen ausbildet, hat sie es nicht geschafft, nach dem Abtauen des Eises ihr Rückzugsgebiet zu verlassen und sich ihr ursprüngliches Gebiet zurückzuerobern. Heute beschränken sich wilde Vorkommen auf Gruppen in meist unzugänglichen Schluchten des Tara-Gebirges. Alle zusammen nehmen nur eine Fläche von etwa 60 Hektar ein, also gerade mal ein Drittel mehr als die Größe der Blumeninsel Mainau im Bodensee. Wissenschaftler vermuten, dass die Art bei der Wiederbesiedlung der eisfreien Flächen der Konkurrenz von ökologisch sehr flexiblen Baumarten wie Gewöhnlicher Fichte, Weiß-Tanne und Rot-Buche unterlag.

RÜCKBESIEDLUNG Erst Gärtner halfen der Serbischen Fichte wieder auf die Sprünge: Ein serbischer Arzt und Botaniker erhielt im Jahr 1875 benadelte Zweige, die er keiner ihm bekannten Art zuordnen konnte. Er suchte nach den Bäumen und beschrieb die Serbische Fichte als neue Art. Mit *omorika* griff er den Namen der serbischen Landbevölkerung für den Baum auf. Die ungewöhnlich schlank wachsende Fichte erregte in botanischen Kreisen großes Aufsehen und zog rasch als auffälliger Zierbaum in Gärten und Parks ein. Heute gehört sie in den Gärten Europas und Nordamerikas zu den am häufigsten kultivierten Nadelbäumen. Als Forstbaum spielt sie bei uns keine Rolle, da sie langsamer wächst als die

Gewöhnliche Fichte (S. 126). In den Hochlagen von Bosnien und Herzegowina jedoch forstet man seit Kurzem erfolgreich mit Serbischen Fichten auf. Ziel ist es, die genetische Vielfalt der Art in der Region zu erhalten und Ressourcen für Saatgut zu schaffen.

SCHNEERUTSCHE Hast du im Winter schon mal beobachtet, was bei der Serbischen Fichte passiert, wenn es stark schneit? Zuerst neigen sich die Äste unter dem Schnee. Wird die Last zu groß, rutscht er einfach ab und eine kleine Schneelawine landet auf dem Boden. So verhindert der Baum, dass seine Äste brechen. Einen ähnlichen schlanken Wuchs mit hängenden Ästen findest du auch bei Exemplaren der Gewöhnlichen Fichte (S. 126) in den Alpen sowie bei Fichtenarten, die in Skandinavien, Sibirien und Kanada mit riesigen Schneemengen klarkommen müssen, etwa der Finnischen, der Sibirischen oder der Schimmel-Fichte.

SPEISEKAMMER Für die Verbreitung vertrauen Fichten ihre geflügelten Samen dem Wind an. Er wirbelt sie durch die Luft, bevor sie – sich um die eigene Achse drehend – zu Boden fallen. Die fettreichen Samen sind auch bei Tieren beliebt. Sie reifen bei der Serbischen Fichte noch im selben Jahr, fallen aber meist erst im nächsten Frühjahr aus den Zapfen. Mit etwas Glück siehst du im Winter Vögel wie den Fichtenkreuzschnabel, die auf dem Baum die nahrhaften Samen ernten. Manchmal hüpfen auch Meisen, Rotkehlchen oder sogar Goldhähnchen durchs Geäst. Sie suchen dort vor allem nach Blattläusen. Die Sitkafichtenlaus, auch Grüne Fichtenröhrenlaus genannt, kann besonders an Serbischen und Stech-Fichten (S. 60) große Kolonien bilden und sich nach milden Wintern massenhaft vermehren. Schon mit einer schwachen Lupe kannst du die knapp 2 mm großen Tiere aufspüren. Sie sitzen meist auf Nadeln im unteren, beschatteten Bereich des Baumes und im Innern der Krone. Sie saugen an den Nadeln und können diese zum Absterben bringen.

MERKMALE Die kurzen Äste hängen und biegen sich erst an den Spitzen aufwärts. Die Oberseite der Nadeln glänzt dunkelgrün, die Unterseite weist zwei silbrig blaue Streifen auf. Die Bäume blühen ab einem Alter von 15 Jahren. Unreife Zapfen sind violett überlaufen, reife glänzen braun bis rotbraun. Sie stehen horizontal ab oder hängen.

EIBE

Taxus baccata – Eibengewächse

HERKUNFT: heimisch **BLÄTTER**: immergrün, 2–3,5 cm lang **HÖHE**: 2–15 m **BLÜTEZEIT**: März–April **FRÜCHTE**: 6–7 mm lange Samen **TYPISCH**: der grüne bis braune Same ist von einem roten Samenmantel umgeben

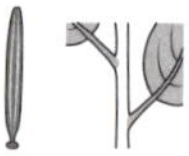

KAMPFENTSCHEIDEND Hätte Wilhelm Tell den Apfel auf dem Kopf seines Sohnes verfehlt, wenn seine Armbrust nicht aus Eibenholz gewesen wäre? Wir wissen es nicht. Der Apfelschuss ist eine Sage und diese überliefert nicht, aus welchem Holz Wilhelm Tell seine Armbrust geschnitzt hat. Doch ist sicher, dass die Eibe manchen realen Kampf entschieden hat: Ein Pfeilbogen oder eine Armbrust aus ihrem Holz griff dem Schützen wahrlich unter die Arme. Das Holz des Baumes ist hart, extrem elastisch und damit biegsam. So ließen sich die Bögen stark spannen, die Pfeile flogen weit und erhielten eine hohe Durchschlagskraft. Ötzi, dessen Mumie man in einem Gletscher fand, hatte schon vor 5300 Jahren einen Eibenbogen dabei. Besonders hoch war die Nachfrage im Mittelalter. Damals wurde der Baum deshalb vielerorts fast ausgerottet.
Der deutsche und der wissenschaftliche Name zeugen von der Nutzung des Holzes: „Eibe" geht auf das althochdeutsche „iwa" zurück und bedeutet Bogen. Es steht auch dem Wort „ewa" für Ewigkeit nahe. *Taxus* leitet sich

entweder vom griechischen „toxo" oder „toxicon" ab. Der erste Begriff steht für Bogen, der zweite für Gift.

BAUM DES TODES Nicht nur mit Eibenbögen verschossene Pfeile können tödlich sein, sondern die Eibe selbst weiß sich zu wehren: Alle Pflanzenteile, mit Ausnahme des roten Samenmantels, enthalten starke Giftstoffe. Schon geringe Mengen Nadeln oder Samen führen beim Menschen zu Atemlähmung und Herzversagen. Den süßen, roten Mantel dagegen könnten wir sogar verspeisen – vorausgesetzt wir entfernen Samen und Stiel. Aber ich rate dir dringend davon ab, dies zu probieren, auch wenn das Rot verlockend aussieht. Auf Spielplätzen haben Eiben jedenfalls nichts zu suchen.
Selbst Pferde können bereits an nur 100 g Nadeln sterben. Deshalb rodete man früher Eiben an den Straßen, auf denen Fuhrwerke unterwegs waren. Doch die Eibe ist nicht für alle Tiere gefährlich. Rehe und Hirsche fressen ohne Probleme an dem Gehölz. Vögel suchen die Samen: Rotkehlchen schälen den Samenmantel ab. Größere Vögel wie Amseln schlucken ihn mit dem Samen. Meistens scheiden sie die Samen unverdaut mit dem Kot wieder aus. Grünfinken und Kohlmeisen knacken die Samen auf, um an die fettreichen Kerne zu gelangen. Fallen die Samen zu Boden, fressen Mäuse die Kerne.

EWIGES LEBEN In verschiedenen Mythologien symbolisiert die Eibe sowohl das ewige Leben als auch den Tod. Sie wacht zwischen den Welten der Lebenden und der Toten. Noch heute findest du das Gehölz deshalb auf vielen Friedhöfen. Die Kelten pflanzten Eiben als heilige Tempelbäume. Ihre Druiden benutzten Eibenstäbe, um das Wetter zu beeinflussen und die Zukunft zu deuten. Übrigens ist auch der Zauberstab des Magiers Lord Voldemort aus den Geschichten von „Harry Potter" aus Eibenholz.

EIGENARTEN Die Eibe zeigt ungewöhnliche Merkmale, die sie von anderen heimischen Nadelbäumen unterscheiden. So ist sie als einziger zweihäusig. Auch die leuchtend roten Samenmäntel findest du bei keinem anderen Baum. Als Nadelgehölz ist die Eibe eine echte Schnecke: Sie wächst extrem langsam, manchmal weniger als 1 cm im Jahr. Dafür wird sie bis zu 1000 Jahre alt und damit zum Methusalem der heimischen Nadelbäume. Es ist jedoch nicht einfach, ihr Alter zu bestimmen: Um den Hauptstamm entspringt oft ein Ring von neuen Stämmen, die miteinander verwachsen sind und den Hauptstamm völlig ersetzen können. Welche Jahresringe soll man also zählen?

MERKMALE In Gärten und Parks wachsen viele Eibensorten, die sich in Form und Benadelung unterscheiden. Nur selten kannst du auch eine wilde Eibe im Unterwuchs eines Waldes finden. Die dunkelgrünen Nadeln sind biegsam und fühlen sich ledrig an. Die kleinen Blüten stehen in den Achseln der Nadeln. Der Wind weht den Pollen von den männlichen zu den weiblichen Pflanzen. Der Mantel, der um den wachsenden Samen wuchert, ist anfangs grün. Erst am reifen Samen bildet er einen fleischigen, roten Becher.

FORMENVIELFALT

Gestalten der Ziergehölze

GLÜCKLICHE HAND FÜR DIE RICHTIGE AUSLESE In Gärten und Parks stehen oft abenteuerliche Zuchtformen von Bäumen. Die einen ragen wie antike Säulen in den Himmel, die anderen streifen mit ihren Ästen am Boden. Viele Sorten zeigen ihren außergewöhnlichen Wuchs – oder abweichende Blatt- und Blütenformen – einfach aufgrund ihres Erbguts. Meistens haben Züchter irgendwann zwischen anderen Bäumen ein besonders geformtes Exemplar entdeckt und vermehren es seither. In der Regel geht das nicht über Samen, sondern über Stecklinge oder Veredelungen, ähnlich wie bei Obstgehölzen (S. 19). Hat der Baum seine besondere Wuchsform in den Genen, braucht er keinen regelmäßigen Schnitt.

Kugelform
Kugel-Kirsche
— *Prunus fruticosa*
'Globosa'

Zwergform
Kugelige Zwerg-Kiefer
— *Pinus sylvestris*
'Globosa Viridis'

Säulenform
Säulen-Eibe
— *Taxus baccata*
'Fastigiata'

Korkenzieherwuchs
Korkenzieher-Hasel
— *Corylus avellana*
'Contorta'

Hängeform
Hänge-Ulme
— *Ulmus glabra*
'Camperdownii'

Pyramidenform
Pyramiden-Hainbuche
— *Carpinus betulus*
'Fastigiata'

NUR DANK MENSCHENHAND IN FORM Ganz anders ist das mit vielen anderen Bäumen, denen ein Korsett oder ein sorgfältiger Formschnitt ihre besondere Gestalt aufzwingt. Solche Gehölze brauchen meistens während ihres ganzen Lebens Pflege. Entweder müssen Äste neu an Stäbe oder ein Gerüst gebunden werden oder ein Baumfriseur muss die Form wieder zurechtstutzen. Dafür sind der Fantasie des Gestalters kaum Grenzen gesetzt. Er muss nur ein Gehölz auswählen, das die Prozedur aushält. Soll eine bestimmte aparte Form möglichst lange unverändert bleiben, darf der Baum auch nicht allzu wuchsfreudig sein.

Formschnitt
Wald-Kiefer
— *Pinus sylvestris*

Hochstamm durch Veredelung (Pfropfen): Lederblättriger Weißdorn auf Vogesen-Mehlbeere
— *Crataegus × lavallei*

Spalier
Amberbaum
— *Liquidambar styraciflua*

Hochstamm durch Hochbinden eines Leitastes und Entfernen von Seitenästen bis auf die gewünschte Höhe: Zier-Apfel
— *Malus* 'Red Sentinel'

Baldachin
Zier-Apfel
— *Malus* 'Evereste'

Hecke
Riesen-Lebensbaum
— *Thuja plicata*

ZIERKIRSCHEN

Prunus spp. – Rosengewächse

HERKUNFT: Japan, China, Kulturformen **BLÄTTER**: sommergrün, 3–15 cm lang **HÖHE BEI UNS**: 4–10 m **BLÜTEZEIT**: November–Mai **FRÜCHTE**: 0,5–1,5 cm große Steinfrüchte **TYPISCH**: weiße oder rosa Blüten vor oder mit dem Laubaustrieb; Blattstiel oder -basis mit kleinen Drüsen

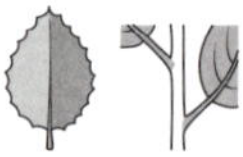

HANAMI Das Kirschblütenfest Hanami ist für Japaner ein wichtiges Ereignis. Für sie ist es im Frühling Tradition, die Schönheit der blühenden Zierkirschen gebührend zu feiern. Sie flanieren unter den Bäumen und picknicken dort. Da fast die Hälfte aller Laubbäume in Japans Städten Kirschbäume sind, verwandeln sich diese zu dieser Zeit in wahre Blütenmeere. Auch in manchen deutschen Städten schmücken Zierkirschen Straßen oder Straßenzüge. So kannst du zum Beispiel in Hamburg, Bonn, Passau und Berlin Hanami-Feste besuchen. Und wenn du nicht reisen möchtest: Zierkirschen gehören zu unseren beliebtesten Gartengehölzen. Du findest bestimmt eine in deiner Nachbarschaft. Auch ich freue mich immer wieder an den vielen Blütenblättern – vor allem am Ende der Blütezeit, wenn sie wie Konfetti durch die Luft wirbeln und eine rosa Decke auf dem Boden ausbreiten.

MERKMALE In Ostasien wurde aus Wildarten eine große Zahl an Sorten gezüchtet. Die Winter-Kirsche (*Prunus subhirtella* 'Autumnalis') öffnet ihre Blüten schon ab November. Die Mahagoni-Kirsche (*Prunus serrula*) hat eine glänzende, rotbraune Rinde (S. 99). Bei den Sorten der Grannen-Kirsche (*Prunus serrulata*) sind Staubblätter in Blütenblätter umgewandelt, sodass die Blüten gefüllt sind (Bild oben rechts). Wenn Zierkirschen überhaupt Früchte entwickeln, sind diese sauer oder bitter.

FLIEDER

Syringa vulgaris – Ölbaumgewächse

HERKUNFT: Südosteuropa **BLÄTTER**: sommergrün, 5–12 cm lang **HÖHE BEI UNS**: 2–6 m **BLÜTEZEIT**: April–Mai **FRÜCHTE**: 1–1,5 cm lange Kapseln **TYPISCH**: große, dichte Blütenstände mit intensiv duftenden, vierzipfeligen Blüten

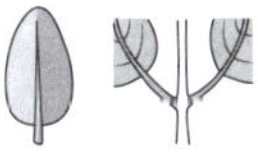

DIE FARBE LILA Das ist nicht nur der Titel eines Filmdramas von Steven Spielberg, sondern auch die ursprüngliche Farbe von Fliederblüten. Die Farbbezeichnung „Lila" geht auf dieses Gehölz zurück. „Lilak" ist der arabische Name für Flieder – auf Französisch heißt er „lilas". Auch „Flieder" ist heute als Bezeichnung einer Farbe bekannt, die für Kleidung, als Wandfarbe und viele weitere Verwendungen beliebt ist. Gemeint ist damit ein helles Violett, ein zarter Pastellton, der unterschiedliche Nuancen haben kann. Das Farbenspiel der Fliederzüchtungen reicht jedoch noch weiter: Es gibt das Gehölz mit Blüten von Weiß über Rosa bis zu bläulichem und rötlichem Dunkelviolett.

MERKMALE Der Gewöhnliche Flieder kann als Baum oder als vielstämmiger, großer Strauch wachsen. Seine Blätter sind mehr oder weniger herzförmig und glatt. Ausgehend von der Wildform haben Züchter bis heute rund 900 Sorten gezüchtet. Besonders beliebt sind auch solche mit gefüllten Blüten. Die Blüten haben eine sehr lange Röhre, in die nur langrüsselige Insekten wie Schmetterlinge ihren Rüssel bis zum Nektar einführen können. Die Kapseln öffnen sich mit zwei Klappen.

ÄHNLICHE ART Viele Norddeutsche verstehen unter „Flieder" den **Schwarzen Holunder** (S. 116), denn dieser heißt auf Plattdeutsch „Fledder". Den Namen „Fliederbeeren" für Holunder kannst du auch in Baumschulen und Gärtnereien im Süden finden.

STECH-FICHTE

Picea pungens – Kieferngewächse

HERKUNFT: Rocky Mountains im Westen der USA **BLÄTTER**: immergrün, 2–3 cm lang **HÖHE BEI UNS**: 12–20 m **BLÜTEZEIT**: Mai **FRÜCHTE**: 6–11 cm lange Zapfen **TYPISCH**: meist bläulich schimmernde, harte, spitze Nadeln und hängende Zapfen

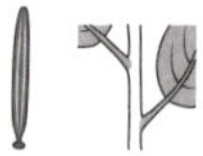

COLORADO-FICHTE Wenn du Fotos von Berglandschaften des US-Bundesstaates Colorado siehst, zeigen diese häufig – als wunderschönen Blickfang im Vordergrund – eine oder mehrere bläulich schimmernde Stech-Fichten. Tatsächlich erstreckt sich die Hälfte des natürlichen Verbreitungsgebiets dieser Art in den Gebirgen Colorados in Höhen von 1800–3300 m. Kein Wunder, dass sie 1939 zum offiziellen Staatsbaum dieses Bundesstaates gekürt wurde.

„DIE BLAUE" UNTEN DER FICHTEN Baumschulen bieten verschiedene Züchtungen dieses majestätischen Baumes für unsere Gärten an. Ihre Nadelfarbe variiert von gelbgrün bis silbern. Am bekanntesten ist die Blaue Stech-Fichte, die sich durch stahlblaue Nadeln auszeichnet. Häufig heißt sie auch – ziemlich irreführend – Blautanne. Welche Farbe die Nadeln entwickeln, ist genetisch fixiert. Werden die Bäume über Samen weitervermehrt, kommt es zu einer Vermischung ihres Erbguts – mit ungewissem Ausgang für die Nadelfarbe. Um eine bestimmte Farbvariante zu bewahren, bleibt den Baumschulen deshalb nichts anderes übrig, als die ausgewählte Form durch Pfropfen von Zweigen auf Sämlinge der Stammart zu vermehren (S. 19).

„DIE VARIABLE" FÜR WEIHNACHTEN Während die Baumschulen gezielt eine bestimmte Nadelfarbe oder Wuchsform in allen Nachzuchten erhalten möchten, liegt in Weihnachtsbaum-Plantagen der Reiz gerade in der Vielfalt. So warten hier aus Samen gezogene Exemplare auf ihren „großen Tag". Je nach Vorliebe findest du ein Bäumchen mit grünen, grauen oder stark silbernen Nadeln. Im Unterschied zur Gewöhnlichen Fichte (S. 126) nadelt die Stech-Fichte nach dem Fällen weniger rasch, wohl weil sie eine dickere Wachsschicht auf den Nadeln trägt. Bei unseren Weihnachtsbäumen steht sie mit einem Anteil von etwa 15 Prozent auf Platz zwei nach der Nordmanns Tanne (S. 62). Sie sieht wunderschön aus und duftet fichtentypisch nach Weihnachten. Mit ihren kräftigen Ästen eignet sie sich besonders gut für schweren Baumschmuck und echte Kerzen. Wenn du allerdings Kinder hast, könnten sie sich leicht an den stark piksenden Nadeln stechen.

MERKMALE Der Baum wächst meist regelmäßig kegelförmig und bildet kräftige Zweige. Die ziemlich derben Nadeln stehen vom Zweig ab. Oft haben sie einen abwischbaren, blaugrünen Wachsbelag. Ein bräunlicher Wipfel im Frühjahr ist kein Krankheitszeichen, sondern hängt mit der großen Anzahl männlicher Blüten zusammen, die riesige Pollenmengen abgeben. Die Zapfen haben dünne, etwas gewellte Schuppen und leuchten nach der Reife strohgelb. Sie sitzen hauptsächlich im oberen Kronendrittel und entlassen ihre geflügelten Samen in den Wind. Danach bleiben die Zapfen oft noch zwei oder drei Jahre am Baum hängen. Die Bäume lassen sich sogar zu Hecken stutzen, wachsen aber bei freiem Stand am schönsten. Sie sind genügsam und frosthart.

ÄHNLICHE ARTEN Die **Sitka-Fichte** (*Picea sitchensis*) hat etwas ähnliche Zapfen, aber feinere Nadeln, die oberseits frischgrün, unterseits graugrün gefärbt sind. Blaugrün bis silbern glänzende Nadeln zeichnen auch die **Edel-** oder **Nobilis-Tanne** (*Abies procera*) aus, die deshalb oft Silber-Tanne oder eben auch Blau-Tanne genannt wird und so schon vom Namen her zu Verwechslungen führen kann. Im Gegensatz zur Blauen Stech-Fichte hat sie jedoch – wie für alle Tannen typisch aufrecht stehende Zapfen. Diese sind richtige Brummer, sie werden bis zu 8 cm dick und 25 cm lang und halten damit den Größenrekord bei den Tannen. Der Wuchs der Edel-Tanne ist meist unregelmäßig. Ebenfalls zu den blaugrünen Tannen gehört die **Colorado-Tanne** (*Abies concolor*), die sich anhand der sichelförmig gebogenen Nadeln leicht unterscheiden lässt.

NORDMANNS TANNE

Abies nordmanniana – Kieferngewächse

HERKUNFT: Kaukasus, Nordosten der Türkei **BLÄTTER**: immergrün, 1–3 cm lang
HÖHE BEI UNS: 25–30 m **BLÜTEZEIT**: Mai **FRÜCHTE**: bis 20 cm lange Zapfen
TYPISCH: dunkelgrün glänzende, weiche Nadeln mit gedrehter Basis; beim Zerreiben etwas fruchtiger Duft

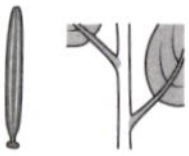

DER WEIHNACHTSBAUM Auch wenn du diese Tanne in den Gärten vielleicht nicht erkennst, du kennst sie bestimmt: Es sind Nordmanns Tannen, die seit wenigen Jahrzehnten als Weihnachtsbäume große Karriere machen und in dieser Rolle den rasch nadelnden Gewöhnlichen Fichten (S. 126) und Weiß-Tannen (S. 144) den Rang abgelaufen haben. 1985 waren knapp ein Drittel der Weihnachtsbäume Nordmanns Tannen, heute sind es über 75 Prozent. In Dänemark wachsen rund 100 Millionen Nordmanns Tannen in Plantagen, viele weitere in Osteuropa. Sie werden dort oft bereits Ende Oktober geschlagen und dann gekühlt oder auch chemisch behandelt, damit die Nadeln lange schön bleiben und im Dezember weihnachtliche Stimmung ins Haus bringen. Auch in Deutschland gibt es Weihnachtsbaum-Erzeuger, zum Beispiel im Sauerland und im Schwarzwald. Viele davon setzen auf ökologischen Anbau ohne Pestizide und umweltschädliche Düngemittel. Wenn du dir einen Baum besorgst, solltest du also – ebenso

wie bei Gemüse oder Fleisch – darauf achten, woher er kommt und wie er kultiviert wurde. Wenn ich kleine Kinder hätte, würde ich auf jeden Fall einen Baum aus einer heimischen Öko-Plantage bevorzugen und mit den Kindern direkt dort hinfahren, um ihn vor Ort auszusuchen und vielleicht sogar selbst absägen zu dürfen.

Trotzdem bleibt ein geschlagener Weihnachtsbaum ein Wegwerfprodukt. Wer ihn sich für die wenigen Tage ins traute Heim holt und danach entsorgt, denkt oft nicht daran, dass er zehn bis 15 Jahre wachsen musste, bis er die fürs Zimmer beliebte Höhe von 1,5–2 m Höhe erreicht hat – nachhaltig ist dies nicht! Dürfte der Baum unter natürlichen Bedingungen weiterwachsen, könnte er über 400 Jahre alt werden. Und die Alternative? Als lebender Christbaum im Topf empfiehlt sich die Nordmanns Tanne kaum. Sie gehört im Gegensatz zur Fichte zu den Tief- und Breitwurzlern und kommt mit der Enge eines Topfes nur schlecht zurecht. Dann die Tanne doch lieber direkt in den Garten pflanzen und dort an Weihnachten mit einer Lichterkette behängen?

In manchen Wohngebieten kannst du sehen, dass diese Lösung recht beliebt ist: Viele der Nordmanns Tannen in den Gärten wachsen in der Nähe von Terrasse oder Balkon oder sind zumindest von den Fenstern aus gut sichtbar.

AUS DEM OSTEN! Der Name Nordmanns Tanne passt scheinbar perfekt für einen Weihnachtsbaum – schließlich kommt der Weihnachtsmann mit seinem von Rentieren gezogenen Schlitten aus dem Norden. Wahrscheinlich vermutest auch du, dass der Baum etwas mit den früher als Nordmänner bezeichneten Wikingern zu tun hat und damit aus dem Norden stammt. Doch damit hat dich der Name auf eine etwas falsche Fährte gelockt: Die nordischen Völker waren nur indirekt die Namenspaten. Ein Botaniker benannte den Baum im Jahr 1938 zu Ehren des finnischen Biologen Alexander von Nordmann. Dessen Familienname geht zwar tatsächlich auf die Wikinger zurück. Die bis dahin unbeachtete, eindrucksvolle Tannenart entdeckte er jedoch 1935 im Kaukasus. In ihren Heimatregionen klettern im Herbst Zapfenpflücker – mutige, schwindelfreie Männer – in die dort bis 60 m hohen Kronen ausgewählter Mutterbäume und ernten die Samen. In großen Säcken gelangen sie dann nach Europa und in die Saatbeete der Christbaum-Produzenten.

MERKMALE Der Baum wächst regelmäßig pyramiden- bis kegelförmig, bildet einen geraden Stamm und dichte Astetagen. Die Nadeln stehen meist rund um den Zweig, oberseits oft dicht gedrängt. Auf der Nadelunterseite haben sie zwei weiße Streifen. Die aufrechten Zapfen zerfallen am Ast.

ÄHNLICHE ART Bei der **Weiß-Tanne** (S. 144) stehen die Nadeln in zwei deutlichen Reihen am Zweig, als ob ein Friseur einen Scheitel gezogen hätte.

ATLAS-ZEDER

Cedrus atlantica – Kieferngewächse

HERKUNFT: Atlasgebirge in Algerien und Marokko **BLÄTTER**: immergrün, 1,5–3 cm lang
HÖHE BEI UNS: 10–25 m **BLÜTEZEIT**: September **FRÜCHTE**: bis 8 cm lange Zapfen
TYPISCH: Büschel mit 10–30 blaugrünen Nadeln; auffallende männliche Blütenkätzchen mit viel Pollen im Herbst

FRISCHHALTEMITTEL FÜR MUMIEN Mit welchen Stoffen balsamierten die Ägypter zur Zeit der Pharaonen ihre Verstorbenen ein und konservierten sie so für ein Leben im Jenseits? Der griechische Geschichtsschreiber Herodot verwendete in dem Zusammenhang den Begriff „kedros". Dummerweise kann damit sowohl eine Zeder als auch ein Wacholder gemeint sein. War es also ein „Zedernsaft", wie es der römische Gelehrte Plinius der Ältere beschrieb? Oder hatten andere antike Autoren recht, die duftendes Wacholderöl nannten? Das Rätsel führte zu vielen Diskussionen in Fachkreisen. Nachdem manche Mumien Wacholderbeeren in den Händen hielten, glaubten Ägyptologen noch bis Anfang dieses Jahrtausends, dass es wohl in erster Linie ein Teer aus Wacholder war. Dafür sprach auch, dass in Ägypten keine „echten" Zedern wachsen – die nächsten waren Libanon-Zedern in Kleinasien.
2003 kam die Überraschung: Deutsche Forscher untersuchten einen harzigen Stoff aus dem Grab einer rund 3500 Jahre alten Mumie. Erstmals setzten sie dazu die chemische Methode der Gaschromatografie ein. So konnten sie wie mit einem Fingerabdruck den „Täter" überführen: Die Substanz wurde aus Zedern gewonnenen. Liegt Zedernholz im Feuer, schwitzt es nach einiger Zeit einen öligen Teer aus, das sogenannte Cedrion. Plinius hatte also recht – und das nicht nur in Bezug auf den Zedernteer. Er beschrieb auch einen besonderen Kiefernholzteer, den die Forscher mittlerweile als Konservierungsmittel in einer anderen, mehr als 4000 Jahre alten Mumie nachweisen konnten. Diese lag übrigens wie viele Mumien in einem Sarg aus Zedernholz. Die Wissenschaftler fanden auch heraus, welcher Stoff im Holzteer die Mumien so gut

konserviert: Er nennt sich Guajakol, riecht rauchig und ist ein wirksames Desinfektionsmittel. Guajakol entsteht auch, wenn zum Beispiel Holz von Rot-Buchen verschwelt wird, um damit Schinken und andere Lebensmittel zu räuchern – nicht fürs Jenseits, sondern ganz weltlich für himmlischen Genuss und aromatischen Geschmack. Der Rauch eines Wacholderfeuers dagegen konserviert nicht, sondern sorgt nur für eine besondere Würze.

ZEDER ODER WACHOLDER? Zwar hat Carl von Linné Mitte des 18. Jahrhunderts eine eindeutige Benennung von Tieren und Pflanzen eingeführt, doch gilt diese nur für die wissenschaftlichen Namen. Volks- und Trivialnamen lassen uns noch heute oft straucheln, wenn es darum geht, eine Art eindeutig zu identifizieren. „Zeder" und „Wacholder" sind ein Paradebeispiel für das Wirrwarr. So sind „Zedernnüsse" die Samen einer Kiefer. Speiseeis oder Süßspeisen mit „Zedernaroma" erhalten ihren Geschmack von der Zitronat-Zitrone, die auf Italienisch „cedro" heißt. Vielleicht kennst du auch Mottenhölzer aus „Zedernholz"? Ihr duftendes Holz stammt vom Virginischen Wacholder. Dein Gartentisch aus „Rotzeder" dagegen kommt vom Riesen-Lebensbaum (S. 68). Beim „Zedernöl" wird es ganz kompliziert: Das duftende ätherische Öl kann tatsächlich aus Holzspänen von Zedern destilliert sein, aber auch von Zypressengewächsen wie Wacholder, Scheinzypressen und Lebensbäumen stammen. Sie haben mit den Zedern nichts zu tun und enthalten andere Stoffe. Also aufgepasst: Es ist nicht immer drin, was draufsteht!

MERKMALE Die Atlas-Zeder wächst anfangs kegelförmig mit einem aufrechten Gipfeltrieb, später wird sie unregelmäßig und oft sehr breit. Die Nadeln stehen an jüngeren Trieben einzeln, an älteren in Büscheln. Die männlichen Blütenzapfen sind 3–5 cm lang und gelblich. Reife weibliche Zapfen sind tonnenförmig, stehen aufrecht und zerfallen erst nach zwei bis drei Jahren auf dem Baum.

ÄHNLICHE ARTEN Die **Libanon-Zeder** (*Cedrus libani*) hat Büschel mit zehn bis 15 Nadeln. Aus ihrem dauerhaften Holz baute man schon vor fast 5000 Jahren Schiffe, Paläste, Tempel und Möbel. Bei der **Himalaya-Zeder** (*Cedrus deodara*) sind die Nadeln 4–5 cm lang und eher grün gefärbt. Ihr Gipfeltrieb hängt etwas über.

STECHPALME

Ilex aquifolium – Stechpalmengewächse

HERKUNFT: heimisch **BLÄTTER**: immergrün, bis 10 cm lang **HÖHE**: 2–20 m
BLÜTEZEIT: Mai–Juni **FRÜCHTE**: bis 1 cm große Steinfrüchte
TYPISCH: starre, derb ledrige Blätter mit kräftigen Stacheln am Rand

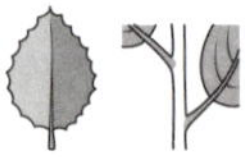

NAME UND BRÄUCHE Die Gewöhnliche Stechpalme sieht überhaupt nicht aus wie eine Palme. Dass sie trotzdem eine Palme im Namen trägt, hängt mit der christlichen Tradition des Palmsonntags zusammen. Im Süden tragen Gläubige an diesem Tag Palmwedel in die Kirche, um sie weihen zu lassen. In anderen Regionen Europas, in denen Palmen nicht heimisch sind, behelfen sich die Menschen mit anderen immergrünen Zweigen. Die der Stechpalme sind dafür sehr beliebt. Im Folgejahr liefern die geweihten Zweige die Asche für den Aschermittwoch. Der Priester streut damit den Gläubigen als Zeichen der Bußbereitschaft und Besinnung ein Kreuz auf die Häupter.
Um Weihnachten gehören die Zweige besonders in England und den USA zum typischen Schmuck von Häusern und Tischen. Im Osten der USA gibt es sogar Plantagen, auf denen das Gehölz dafür in großen Mengen heranwächst. Mit dem Grün der Blätter und dem Rot der Früchte – den Farben der Hoffnung – verheißen die Zweige die Fortsetzung des Lebens während der dunkelsten Jahreszeit. Oft werden sie auch als Zeichen der Freundschaft verschenkt.

„HÜLSE“ Wenn du in Norddeutschland lebst, kennst du das Gehölz vielleicht unter diesem Namen. Das aus dem Indogermanischen stammende Wort hängt mit „Hülle“ zusammen. Das feine Stechpalmenholz diente früher als Ersatz für Buchsbaumholz zum Drechseln von filigranen Büchsen und Futteralen. Auch die englische Bezeichnung der Stechpalme leitet sich daraus ab: „holly“. Der Name von Hollywood, dem als Filmschmiede berühmten Stadtteil von Los Angeles, geht allerdings nur indirekt auf diese Pflanze zurück: In Kalifornien gibt es keine wild wachsenden Stechpalmenarten. Dort wächst jedoch ein anderes immergrünes Gehölz mit roten Früchten: der zu den Rosengewächsen zählende Toyon. Dieser ist auch als „California Holly“ bekannt. Seine Zweige dienen als Ersatz für Stechpalmenzweige.

JEDER WILLSE, DIE GUTE HÜLSE Mit den Zeiten ändern sich auch die Sprüche. Ursprünglich galt für Waldbesitzer nämlich: „Ilse Bilse, keiner willse, die böse Hülse“. Sie sahen die Stechpalme in ihren Wäldern als schädlich an. Tatsächlich kann sie zu einem stacheligen Gestrüpp wuchern und so den Nachwuchs von erwünschten Bäumen unterdrücken. Doch heute gilt das Gehölz nicht nur in Parks und Gärten als eine echte Bereicherung, sondern auch an Wildstandorten. Seine Blüten bieten Bienen und anderen Insekten Nektar als Nahrung. Vögel finden geschützte Nistplätze und essbare Früchte. Wenn diese durch Fröste weich geworden sind, kannst du Amseln, Drosseln und andere Vögel beobachten, die sie in der kalten Jahreszeit ernten. Für uns sind jedoch sowohl die Früchte als auch der Rest der Pflanze giftig. Bei Zukunftsforschern gilt die Stechpalme als einer der Profiteure des Klimawandels. Sie kommt gut mit den milderen Wintern zurecht. Da sie außerdem Rauch und Abgase erträgt, kann sie sogar in Industriegebieten wachsen.

MERKMALE Das exotisch wirkende Laubgehölz steht in verschiedenen Sorten als Ziergehölz in Gärten und Parks. Ab und zu kannst du es auch wild in Wäldern und an Waldrändern finden. Es wächst als meist kegelförmiger Baum oder entwickelt sich strauchförmig. Stechpalmen lassen sich als Hecke schneiden. Die Blätter sind sehr variabel: Neben stark mit Stacheln bewehrten gibt es solche mit wenigen oder ohne Stacheln. Bei Zuchtformen zeigen sie oft nicht die dunkelgrüne Farbe der Wildform, sondern sind weißlich oder gelblich gemustert (Bild unten). Die kleinen, weißen Blüten sind zweihäusig verteilt. Männliche und weibliche Blüten bilden Nektar. Weibliche Blüten besitzen noch verkümmerte Staubblätter (Bild links). Die Steinfrüchte reifen ab Oktober. Bei der Wildform leuchten sie rot, es gibt aber auch orange oder gelbe Sorten.

ÄHNLICHE ART Auch die **Gewöhnliche Mahonie** (*Mahonia aquifolium*) hat stachelige Blätter. Der Strauch hat aber gelbe Blüten und blauschwarze Früchte.

RIESEN-LEBENSBAUM

Thuja plicata – Zypressengewächse

HERKUNFT: westliches Nordamerika **BLÄTTER**: immergrün, 2–3 mm lang
HÖHE BEI UNS: bis 30 m **BLÜTEZEIT**: Mai **FRÜCHTE**: etwa 1 cm lange Zapfen
TYPISCH: Zapfen eiförmig, ihre wenigen biegsamen Schuppen weisen vorne einen Dorn auf

EIN RIESE ZUM ZWERG GESTUTZT In seiner Heimat kann der Riesen-Lebensbaum bis zu 75 m hoch werden und Stämme von 6 m Dicke bilden. Damit reiht er sich in die Gruppe der höchsten Nadelbäume ein. So groß wird er bei uns zwar nicht, doch kann er sich zu einem beeindruckenden Baum entwickeln.
Er steht nicht nur in Parks oder auf Friedhöfen, sondern ab und zu sogar im Forst. Dort hat er es aber bisher kaum über einen Versuchsanbau hinaus geschafft.
Vielleicht kennst du den Lebensbaum auch von den weitverbreiteten Thujahecken. Er lässt sich nämlich sehr gut für fast undurchdringliche Abgrenzungen verwenden. Es macht ihm nichts aus, wenn regelmäßig an ihm herumgeschnitten wird. Doch hat die Hecke einmal eine dichte grüne Wand gebildet, wird sie im Innern kahl. Ich kann dir nur davon abraten, sie nun zu tief abzurasieren. Schneidest du das Grüne bis ins alte Holz ab, treibt sie nicht mehr aus, sondern bleibt ein Glatzkopf.

LEICHTGEWICHT In den USA gehört der Riesen-Lebensbaum zu den wichtigsten Baumarten im Forst. Das Holz ist in einem schmalen äußeren Bereich des Stammes hell, innen dagegen rotbraun. Vielleicht sitzt du gerade auf einer Gartenbank aus dem Holz dieses Baumes? Es ist als „Red Cedar" oder „Rotzeder" im Handel. Dies leitet sich vom englischen Namen des Baumes ab, denn das Gehölz heißt in seiner Heimat „Western Red Cedar". Manchmal kannst du es auch bei uns unter dem Namen „Kanadische Rotzeder" finden. Der Riesen-Lebensbaum ist nicht mit den echten Zedern (S. 64) verwandt. Den Namen „Cedar" erhielt diese Thujaart nur, weil sie – ähnlich wie Zedern – aromatisch duftet. Lass' dich also nicht in die Irre führen.

Das Holz des Baumes ist ideal für den Außenbereich. Dort erweist es sich als besonders witterungsbeständig und robust gegenüber Insekten und Pilzen. Selbst ein Baumstamm, der 100 Jahre auf dem Erdboden liegt, hat noch fast die gleiche Holzstruktur wie ein frisch gefällter Baum. Gleichzeitig ist Rotzeder eines der leichtesten Nadelhölzer. Es passt nicht nur für Gartenmöbel, sondern auch für Holzschindeln, Zaunpfähle, Holzbrücken, Hochsitze, Boote, Saunen und Gewächshäuser.

LEBENSWICHTIG Für die First Nations, die an der Nordwestküste Nordamerikas lebten, war der Riesen-Lebensbaum ein Lebensbaum im wahrsten Sinne des Wortes: Diese Indianerstämme fertigten aus dem dauerhaften Holz Kanus, Häuser und Totempfähle. Die Rinde gehörte zu den meistverbreiteten Materialien in ihren Haushalten: Fein zerfasert diente sie als Polster für Babywiegen sowie als Damenbinde und Handtuch. Gröbere Fasern flochten sie zu Shirts, Capes und Frauenbekleidung. Auch für Schalen, Matten, Kanupaddel und viele weitere Gegenstände kam die Rinde zum Einsatz.

MERKMALE Der Baum bildet einen geraden Stamm und eine schmale, kegelförmige Krone. Die rotbraune Rinde lässt sich in Streifen abziehen. Sie duftet etwas nach Menthol oder Kampfer. Zerreibst du dagegen die Zweige, kannst du einen an Ananas oder Apfel erinnernden Geruch wahrnehmen. Aber Achtung: Das Gehölz ist giftig. Die flachen Zweige mit den Schuppenblättern sind auf der Oberseite glänzend grün, auf der Unterseite dagegen weißlich gemustert. Die anfangs grünen Zapfen färben sich im Sommer gelb, später verholzen sie und werden braun.

ÄHNLICHE ART Für immergrüne Thujahecken verwenden Gärtner häufig auch den **Abendländischen Lebensbaum** (*Thuja occidentalis*). Er riecht beim Zerreiben herbwürzig. Seine Zweige haben kein weißes Muster auf der Unterseite, seine Zapfenschuppen keinen Dorn.

ZIERÄPFEL

Malus spp. – Rosengewächse

HERKUNFT: Kulturformen **BLÄTTER**: sommergrün, 3–8 cm lang **HÖHE**: 1–12 m
BLÜTEZEIT: April–Mai **FRÜCHTE**: 0,8–4 cm große Apfelfrüchte
TYPISCH: dornenlos; Früchte vorne mit Kelchrest oder dessen Narbe

FÜR ALLE JAHRESZEITEN Nicht nur Zierkirschen sind echte Hingucker. Zieräpfel erfreuen uns mit einer tollen Blütenpracht und zusätzlich ab August oder September mit einer Fülle gelber, orangefarbener oder tiefroter Früchte. Sie leuchten zwischen den Blättern hervor und bleiben sogar oft über den Winter hängen. Viele Sorten färben außerdem ihre Blätter im Herbst gelb, orange oder rot. Du kannst ruhig einmal in einen der Äpfel beißen. Sie sind nicht giftig. Fruchtsäuren und Gerbstoffe geben ihnen jedoch oft einen herben Geschmack, außerdem sind manche holzig-fest. Probier' sie einfach mal. Vielleicht hast du ja eine delikate Sorte erwischt – etwa die kirschgroßen Äpfelchen von 'Red Sentinel' (Bild oben links und S. 57). Zieräpfel enthalten wie der Kultur-Apfel (S. 102) reichlich Pektin (Apfelpektin). Dank dieses Geliermittels kannst du Gelee und Marmelade aus ihnen kochen. Amseln verraten dir übrigens oft, welcher Apfel gut schmeckt: Nur von diesen Bäumen picken sie die Früchte an.

MERKMALE Es gibt rund 500 verschiedene Sorten. Sie wurden besonders aus Wildarten aus Asien und Europa gezüchtet. Ihre reichliche Blütenpracht ist weiß oder hell- bis dunkelrosa. Die Früchte haben meist mehrere Kerne.

ÄHNLICHE ARTEN Weißdornarten (*Crataegus* spp.) haben Dornen an den Zweigen und 0,7 cm bis höchstens 2 cm große Früchte.

TULPEN-MAGNOLIE

Magnolia × soulangeana– Magnoliengewächse

HERKUNFT: Züchtung **BLÄTTER**: sommergrün, 10–18 cm lang **HÖHE**: 3–10 m
BLÜTEZEIT: April–Mai **FRÜCHTE**: zapfenartig, bis 10 cm lang
TYPISCH: große, an Tulpen erinnernde rosa Blüten

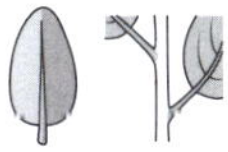

GRANDE DAME Diese prächtige Magnolie entstand um 1820 auf einem Anwesen bei Paris als zufällige Kreuzung zweier chinesischer Magnolienarten. Heute ist sie bei uns die am häufigsten gepflanzte Magnolie und setzt einen extravaganten Akzent in großen Gärten und Parks. Mit ihren riesigen Blüten liefert sie ein eindrucksvolles Schauspiel und ist eine wahre Augenweide. Im Winter hüllen sich die Knospen noch in einen schützenden Pelz. Wenn sich die Blüten öffnen, müssen sie diesen haarigen Mantel abwerfen – eine gefährliche Zeit für den Baum. Wird es nochmals frostig, endet die Aufführung nicht in einer rosa Blütenpracht, sondern in einem braunen Desaster. Wie recht hatte Goethe als er in seinem Schauspiel „Torquato Tasso" dichtete:

„Die Schönheit ist vergänglich, die ihr doch allein zu ehren scheint. Was übrig bleibt, das reizt nicht mehr, und was nicht reizt, ist tot."

MERKMALE Die großen, ganzrandigen Blätter des ausladenden Baumes entfalten sich erst nach den Blüten. Die bis 30 cm breiten Blüten haben acht bis zehn Blütenblätter und sehr viele Staubblätter, die spiralig angeord-net sind.

ÄHNLICHE ARTEN Die **Stern-Magnolie** (*Magnolia stellata*) bleibt kleiner und hat schmale Blütenblätter. Die Blüten der **Purpur-Magnolie** (*Magnolia liliiflora*) sind trichterförmig und außen purpurrot.

TULPENBAUM

Liriodendron tulipifera – Magnoliengewächse

HERKUNFT: Osten Nordamerikas **BLÄTTER**: sommergrün, 6–25 cm lang **HÖHE BEI UNS**: bis 35 m **BLÜTEZEIT**: Mai–Juni **FRÜCHTE**: 8–9 cm lange Flügelfrüchte **TYPISCH**: Blätter mit 4 Spitzen, vorne eingebuchtet; Blüten tulpenähnlich

TULPEN VON BÄUMEN? Tulpen wachsen natürlich aus Zwiebeln und nicht auf Bäumen! Außerdem gehören sie zu den Liliengewächsen und sind daher nicht einmal entfernt mit diesem Gehölz verwandt. Der wissenschaftliche Name des Baumes bedeutet trotzdem „tulpentragender Lilienbaum". Linné, der ihn benannte, hat einfach das beschrieben, was er sah. Und wenn man die Verwandtschaftsbeziehungen weglässt, ist es wirklich nicht abwegig, den Tulpenbaum so zu bezeichnen: Der Umriss der Blätter ähnelt der Seitenansicht einer Tulpenblüte. Auch seine Blüten haben eine gewisse Ähnlichkeit mit denen von Tulpen – zumindest auf den ersten Blick. Sie sind auch etwa so groß wie diese. Allerdings stehen beim Tulpenbaum alle Teile der Blüte in einer Spirale. Dies gilt auch für die zahlreichen großen Staubblätter und die Fruchtblätter.

HOLZ IN MASSEN Im Englischen heißt dieser Baum auch „Yellow Popular", also Gelbpappel. Er ist nicht mit den Pappeln verwandt, doch wächst er ähnlich rasch wie diese. In seiner Heimat kann er über 60 m hoch werden. Stehen die Bäume in einem Wald, wachsen ihre Stämme wie Wachsoldaten absolut gerade in die Höhe. Kein Wunder, dass die aus Europa eingewanderten Pioniere sie in großem Maßstab abholzten. Ganze Wälder fielen einem intensiven Raubbau zum Opfer, besonders für Blockhäuser, Scheunen und andere Gebäude. Um 1800 ging das sogar so weit, dass die majestätischen Bäume in ihrer Heimat fast verschwunden waren. Erst mit gezielten Aufforstungen konnte dies wieder rückgängig gemacht werden. Seit 1947 ist der Tulpenbaum der offizielle Baum des US-Staates Tennessee. Die Wahl fiel auf ihn, weil er für die Einwanderer zur Zeit der Besiedlung so wichtig war.

Noch heute zählt die Art zu den wichtigen Wirtschaftsbaumarten in den USA. Sägewerke und Schreiner schätzen die langen und gleichmäßigen Stammstücke. Das Holz ist auch unter den Namen „Whitewood" bekannt. Es ist ein helles, leicht zu bearbeitendes und sehr gut polierbares Holz, das hochwertiger als Pappelholz ist. Möbel, Vertäfelungen von Jachten, Musikinstrumente und Treppen sind nur ein paar Beispiele für seine vielfältige Verwendung.

ZUKUNFTSCHANCEN Meistens verarbeiten die Amerikaner das Holz selbst. Du wirst es also kaum einmal bei einem Schreiner finden. Aber wer weiß, was die Zukunft bringt? In der Kreidezeit (vor 145–66 Millionen Jahren) und im folgenden Tertiär (bis vor 2,6 Millionen Jahren) wuchsen Verwandte des Tulpenbaums auch in Europa. Seit dem 18. Jahrhundert bauen Forstleute die Bäume in Deutschland, etwa in der Nähe von Baden-Baden, versuchsweise an. Das Gehölz ist frosthart, allerdings relativ anspruchsvoll. Der Baum braucht feuchte, gut mit Nährstoffen versorgte Böden, allerdings darf er keine dauerhaft nassen Füße haben. Seine Wurzeln sind ziemlich fleischig und faulen sonst ab.

MERKMALE Der Baum gehört zu den besonders prachtvollen und auffälligen Parkbäumen – und dies nicht nur zur Blütezeit. Seine Krone ist relativ locker, oft breit ausladend. An der Basis alter Bäume entsteht um den dicken Stamm herum meist ein Sockel aus Wurzeln und Erde, der manchmal fast wie eine umlaufende Sitzbank wirkt. Die Blätter sind oberseits lebhaft grün, unterseits hellgrün bis bläulich. Im Herbst färben sie sich herrlich goldgelb – ein guter Kandidat für einen leuchtenden Indian Summer. Nach der Blüte entwickeln sich zahlreiche geflügelte Teilfrüchte. Sie stehen zapfenartig beieinander, bevor der Wind sie löst. Dann drehen sie sich wie kleine Propeller durch die Luft und fliegen bis zu 60 m weit.

AMBERBAUM

Liquidambar styraciflua – Altingiagewächse

HERKUNFT: südöstliches Nordamerika, nördliches Mittelamerika
BLÄTTER: sommergrün, bis 20 cm breit **HÖHE BEI UNS**: 10–20 m
BLÜTEZEIT: März–Mai **FRÜCHTE**: Kapseln in 2,5–4 cm großen Fruchtkugeln
TYPISCH: stachelige, verholzte Fruchtkugeln und ahornähnliche, im Herbst erst gelbe, dann leuchtend rote Blätter

SÜSSER KAUGUMMI DER INDIANER

Amber ist eigentlich eine graue, wachsartige Substanz, die der Pottwal in seinem Verdauungstrakt bildet und ausscheidet. Sie heißt auch Ambra und gehört zu den teuersten Duftstoffen der Parfümindustrie. Der Amerikanische Amberbaum trägt diesen Namen, da er ebenfalls duftet: Schon wenn du die Blätter zerreibst, riechen diese angenehm süßlich-aromatisch. Wird gar der Stamm verletzt, wehrt sich der Baum mit einem zäh fließenden, klebrigen, aromatisch riechenden Balsam. Ähnlich wie das Harz von Nadelbäumen verschließt dieser „Styrax" oder „Storaxharz" genannte Balsam Wunden und wehrt Bakterien sowie Pilze ab. Bei uns wirst du aber kaum einen Baum mit nennenswerten Mengen dieses wohlriechenden Balsams finden. Die in Parks und Gärten stehenden Bäume sind einfach nicht groß genug dafür. Doch an den bis 45 m hohen und bis 1,5 m dicken Stämmen in der Heimat des Gehölzes lohnt sich die Ernte. Der Balsam sammelt sich in Höhlungen unter der Rinde. An diesen Stellen bildet der Baum Beulen nach außen. Arbeiter (Balsamstecher) stechen diese an und fangen den herausfließenden Balsam auf – bei einem großen Baum können dies 20–100 kg sein. Styrax ist ganz anders zusammengesetzt als der Amber des Pottwales. Er enthält verschiedene duftende Stoffe wie Zimtsäure und Vanillin. Als „flüssiger Amber" lässt er Parfüms und Seifen duften, aromatisiert aber auch Getränke, Süßigkeiten und Tabak. Die Substanz bleibt lange zäh und süß. Diese Eigenschaft kannten bereits verschiedene nordamerikanische Indianerstämme. Sie kauten ausgiebig auf diesem natürlichen Kaugummi. Später verwendete man ihn auch für industriell her-

gestellte Kaugummistreifen. So kam dieser Baum zu seinem englischen Namen „American Sweetgum".

DER ALLIGATORBAUM Der Amberbaum wächst in seiner Heimat oft in Flusstälern und Auenwäldern mit periodisch überschwemmten Böden. Sein Verbreitungsgebiet deckt sich teilweise mit dem des Mississippi-Alligators. Aber die großen Reptilien klettern nicht etwa auf die Bäume und ernähren sich auch nicht von diesen. Amerikaner nennen das Gehölz vielmehr Alligatorbaum, weil die Rinde seiner Stämme mit ihren vielen einzelnen Platten der Haut der Panzerechsen etwas ähnelt. An die Schuppenkiele auf Rücken und Schwanz von Alligatoren erinnern auch schuppige, uneben höckerige Wülste, die längs auf Zweigen und Ästen der meisten Exemplare des Amberbaums sitzen. Solche Korkleisten geben den Ästen wie ein Stützgerüst zusätzliche Stabilität. Mit ihrem Schattenwurf schützen sie besonnte Zweige außerdem vor zu starker Überhitzung.

MERKMALE Die Blätter haben fünf bis sieben lang zugespitzte Lappen. Die Fruchtkugeln hängen an langen Stielen herab. Sie sehen fast so aus, als ob sich eine große Menge kleiner Vogelschnäbel aus ihnen herausrecken würde. Dieser Eindruck verstärkt sich noch, wenn sich jede der Kapseln mit zwei Klappen öffnet. Floristen schätzen die Kugeln als Trockenschmuck und besprühen sie zu Weihnachten oft mit goldener oder silberner Farbe.

ÄHNLICHE ARTEN Die Blätter ähneln denen von Ahornarten wie dem **Spitz-Ahorn** (S. 32). Bei diesen stehen sie aber gegenständig. Auch die **Platane** (S. 28) hat gelappte Blätter und hängende Fruchtkugeln. Ihre Blätter sind aber kürzer gestielt und ihre Früchte verholzen nicht, sondern zerfallen bei der Reife.

HERBSTFÄRBUNG

Die Farbenpracht der Blätter

HARTE ZEITEN Kalte Winter mit Frost und Schnee sind eine Herausforderung für Pflanzen. Wenn sie nicht vorsorgen, können sie erfrieren. Viele Gehölze lagern deshalb Frostschutzmittel ein. Da ein Baum aus gefrorenem Boden auch kein Wasser aufnehmen kann, besteht zudem die Gefahr, dass er vertrocknet. Immergrüne Blätter oder Nadeln haben deshalb meist eine dicke Wachsschicht, die ganz gut vor Verdunstung schützt.
Sommergrüne Bäume geben wesentlich mehr Wasser ab – eine voll belaubte, hundertjährige Rot-Buche etwa 400 Liter am Tag. Diese Gehölze haben eine andere Strategie ersonnen, den Winter zu überstehen: Sie werfen ihre Blätter ab. In kahlem Zustand ist die Gefahr eines Wassermangels, der sogenannten Frosttrocknis, wesentlich geringer. Bereits im Herbst reagieren diese Bäume auf kürzer werdende Tage und sinkende Temperaturen. Sie bauen den grünen Blattfarbstoff Chlorophyll, Eiweiße und andere wertvolle Stoffe aus den Blättern ab. Die Bäume lagern sie in Bausteinen in Zweigen, Stämmen oder Wurzeln ein, um sie im nächsten Jahr zu recyceln. Wenn das Blattgrün fehlt, treten andere Farbstoffe der Blätter zutage, die bisher verdeckt waren. Dann sorgen Karotinoide, also Stoffe, die du auch in Möhren findest, sowie als Xanthophylle bezeichnete Substanzen für gelbe Farbtöne.

HERBSTPRACHT Andere Bäume bilden sogar Farbstoffe neu. Sie lagern rote Substanzen, sogenannte Anthocyane, nahe der Blattoberfläche ab. Dort wirken sie wie ein Sonnenschutzmittel. Strahlt die Sonne im Herbst sehr stark, können ungeschützte Blätter rasch absterben. Dann müsste der Baum zu früh mit der Fotosynthese aufhören, könnte also keine Zucker mehr gewinnen. Zudem hätte er nicht genügend Zeit, alle wichtigen Stoffe in Sicherheit zu bringen.
Bestimmt weißt du, dass sich das Laub bei Bäumen im Nordosten der USA und in Kanada besonders prächtig färbt. Dort ist der Herbst sehr trocken und sonnig – diese Regionen sind für den „Indian Summer" mit Wäldern in Knallrot, glühendem Orange und kräftigem Gelb berühmt.
Die meisten unserer heimischen Bäume dagegen haben sich an eher bewölkte oder nebelige Herbsttage angepasst: Sie brauchen keinen Sonnenschutz und leuchten im „Goldenen Oktober" in Gelbtönen.

Amerikanischer Amberbaum (S. 74)
— Liquidambar styraciflua

Er stiehlt jedem anderen Gehölz die Show: Zuerst färbt er sich gelb, dann über orange zu einem leuchtenden Rot. Solch ein Prachtexemplar wirkt schon aus der Ferne wie eine Signaltafel. Wenn du dir einen Indian Summer in den Garten holen willst, ist dieser Baum der absolute Favorit.

Spitz-Ahorn (S. 32)
— *Acer platanoides*

Auch verschiedene Ahornarten färben sich prächtig. Beim Spitz-Ahorn variiert das Laub von gelb über gelborange bis karminrot. Andere Arten wie der Silber-Ahorn (S. 90), der Rot-Ahorn (*Acer rubrum*) und der Zucker-Ahorn (*Acer saccharum*) gehören zu den typischen Bäumen des Indian Summers.

Zitter-Pappel (S. 170)
— *Populus tremula*

Da dieser Baum nicht im dichten Wald, sondern in lichten Gruppen steht, lässt er die Herbstsonne intensiv durch sein gelb verfärbtes Laub scheinen – vor blauem Himmel eine echte Pracht! Auch andere Pappeln sowie Birken wachsen locker beieinander und beeindrucken mit ähnlicher Leuchtkraft.

Europäische Lärche (S. 138)
— *Larix decidua*

Dies ist der einzige heimische Nadelbaum, dessen Nadeln sich im Herbst verfärben und dann abfallen. Auch die Japanische Lärche (S. 139) färbt sich gelb. Beim Urweltmammutbaum (S. 86) und der Sumpfzypresse (S. 84) fallen die verfärbten Nadeln sogar mitsamt den kurzen Trieben ab.

Hainbuche (S. 30)
— *Carpinus betulus*

Auch ihre Blätter färben sich gelb. Danach vertrocknen sie und bleiben oft den ganzen Winter über am Baum hängen. So schützen sie die Knospen bis ins nächste Jahr. Erst wenn diese Knospen im Frühjahr schwellen, fallen die Blätter ab. Auch bei Stiel- und Trauben-Eiche kannst du dieses Phänomen beobachten.

Gewöhnliche Esche (S. 166)
— *Fraxinus excelsior*

Diese Esche wirft ihre Blätter meist noch grün nach dem ersten Frost ab. Auch die Schwarz-Erle (S. 168) verliert ihre Blätter noch in grünem Zustand. Beide Gehölze besiedeln nährstoffreiche, feuchte Standorte. Dort ist es nicht unbedingt notwendig, das Chlorophyll und andere Nährstoffe zu recyceln.

ZUCKERHUT-FICHTE

Picea glauca 'Conica' – Kieferngewächse

HERKUNFT: Kanada **BLÄTTER**: immergrün, bis 1 cm lang **HÖHE**: 3–4 m **BLÜTEZEIT**: keine Blüten **FRÜCHTE**: keine **TYPISCH**: wächst als hellgrüner, kompakter, dicht geschlossener Kegel

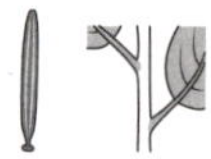

KEGELIGER ZWERG Falls du meinst, hier hätte ein Gärtner eine kleine Fichte regelmäßig beschnitten, irrst du dich. Der beliebte kleine Gartenbaum, der in der Form an den Zuckerhut für eine Feuerzangenbowle erinnert, ist eine natürliche Mutation der im nördlichen Nordamerika beheimateten Schimmel-Fichte. Der deutsche Gärtner und Gehölzkundler Alfred Rehder entdeckte sie zusammen mit einem amerikanischen Baumkundler auf einer Forschungsreise im Jahr 1904 am Lake Laggan, dem heutigen Lake Louise, in Kanada. Rasch begeisterten sich Landschaftsgärtner für diese Wuchsform. Am besten kommt sie als Solitärgehölz zur Geltung. Sie eignet sich besonders für kleine Vorgärten, Steingärten oder Heidebeete. In einem größeren Kübel lässt sie sich sogar auf dem Balkon kultivieren. Auch für Grabbepflanzungen ist sie beliebt.
Manchmal passiert es, dass sich eine Zuckerhut-Fichte an ihre Abstammung erinnert – der Botaniker sagt, sie schlägt in ihre ursprüngliche Form zurück: Das Exemplar treibt dann auf einmal eine lange Spitze, bildet in größeren Abständen Äste und manchmal sogar Blüten sowie 5–6 cm lange, hängende Zapfen. Es verhält sich in diesen Abschnitten wieder wie eine normale Schimmel-Fichte.

MERKMALE Die Zweige des Baumes sind dicht und fein verzweigt, sie bilden einen regelmäßigen Kegel. Das Gehölz wächst höchstens 2–10 cm im Jahr. Nach 15 Jahren ist es erst etwa 1,5 m hoch und gehört damit zu den langsam wachsenden Nadelbäumen. Die ziemlich weichen Nadeln an den feinen Zweigen sind hellgrün gefärbt. Der Baum bildet normalerweise weder Blüten noch Früchte. Gärtner vermehren ihn meist über Stecklinge, also Zweigstücke, die sie in passende Erde stecken und bewurzeln lassen.

SCHEINZYPRESSE

Chamaecypartis lawsoniana – Zypressengewächse

HERKUNFT: Westen der USA **BLÄTTER**: immergrün, bis 4 mm lang
HÖHE BEI UNS: 2–35 m **BLÜTEZEIT**: April **FRÜCHTE**: 0,8–1 cm große Zapfen
TYPISCH: männliche Blüten rot; Zapfen kugelig, anfangs blauweiß bereift

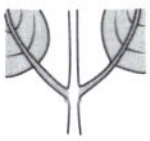

OREGONZEDER Manche Baumschulen bieten die Lawsons Scheinzypresse unter diesem Namen an. Die Heimatsangabe passt, die „Zeder" kann jedoch zu Verwechslungen mit Echten Zedern (S. 64) führen. Das etwas duftende, faserige Holz des Baumes ist leicht und widerstandsfähig gegenüber Insekten, Pilzen und ätzenden Stoffen. In den 1920er- und 1930er-Jahren lieferte es Trennelemente in Batteriezellen. Nach dem Zweiten Weltkrieg fand man Ersatzmaterialien dafür. Nun wurde das Holz vor allem nach Japan exportiert und dort in traditionellen Häusern und Tempeln verbaut.

MERKMALE Der Baum steht in vielen Sorten in Parks, Gärten und auf Friedhöfen. Er bildet einen oder mehrere durchgehende Stämme. Junge Bäume entwickeln eine dichte, säulenförmige Krone. Im Alter wird sie mehr kegelförmig. Auf der Unterseite der Zweige zeigen die Schuppenblätter undeutliche weiße Linien, die x-förmige Muster bilden. Zerriebene Zweige und angekratzte Rinde duften frisch, etwas fruchtig und leicht nach Zitrone. Die Zapfen verholzen bei der Reife und werden rotbraun. Ihre sechs bis zehn Zapfenschuppen klaffen auseinander und entlassen die Samen durch die entstandenen Spalten.

ÄHNLICHE ARTEN Thuja-Arten haben längliche Zapfen. Zerriebene Zweige der größten Thuja-Art, des **Riesen-Lebensbaums** (S. 68) duften nach Ananas oder Apfel. Bei anderen **Thuja**-Arten verströmen sie einen angenehm würzig-aromatischen Duft, der etwas an Gewürznelken und damit an Weihnachten erinnert. Aber Achtung: Hände waschen nach der Duftprobe, denn sowohl Scheinzypressen als auch Thujaarten sind giftig!

GOLDREGEN

Laburnum anagyroides – Hülsenfrüchtler

HERKUNFT: Südeuropa **BLÄTTER:** sommergrün, 4–10 cm lang **HÖHE BEI UNS:** 5–7 m **BLÜTEZEIT:** Mai–Juni **FRÜCHTE:** bis 7 cm lange Hülsen **TYPISCH:** gelbe Blüten in hängenden Trauben

GUCKEN JA - SCHLUCKEN NEIN Am Gewöhnlichen Goldregen ist alles stark giftig. Er gehört bei uns zu den Pflanzen, mit denen sich Kinder am häufigsten vergiften. Die gelben Blüten und die etwas nach Erbsen riechenden Früchte wecken wohl ihre Entdeckerlust ganz besonders. Also bitte nicht an Spielplätze und Schulhöfe pflanzen! Zum Glück enden die meisten Vergiftungen nur mit Magen-Darmkrämpfen und Erbrechen – der Körper wird auf diese Weise das Gift wieder los. Schafft er es nicht, kann es zum Tod durch Atemlähmung kommen. Für ein Kind gelten 15 Samen als tödliche Dosis.

RAUCHERENTWÖHNUNG Was direkt vom Baum eine tödliche Gefahr ist, kann genau dosiert als Arzneimittel manchem Raucher helfen, seine Sucht loszuwerden. Der Giftstoff Cytisin des Goldregens bindet sich im Gehirn an die gleichen Nervenzellen wie Nikotin. So nimmt das Gehirn den Nikotinmangel während der Raucherentwöhnung weniger stark wahr, das Verlangen nach Nikotin sinkt. Falls du selbst Raucher bist, muss ich dir aber dringend abraten, mit dem Gehölz zu experimentieren. Das Cytisin darf nur exakt bemessen und nach einem ganz bestimmten Schema eingenommen werden, sonst wird es zum Spiel mit dem Feuer!

MERKMALE Goldregen wächst als Baum oder Strauch. Seine Blätter sind aus drei Blättchen zusammengesetzt. Die Schmetterlingsblüten sind 1,5–2 cm lang. Sie locken Bienen, Hummeln und Käfer an. Die Hülsen sind anfangs anliegend behaart und grün. Reif werden sie braun und platzen mit einem deutlichen Knacken auf. Sie enthalten an kleine Bohnen erinnernde Samen.

BLUT-BUCHE

Fagus sylvatica 'Purpurea' – Buchengewächse

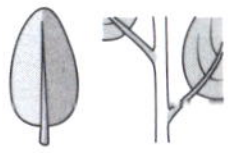

HERKUNFT: Gartenform **BLÄTTER**: sommergrün, 5–10 cm lang **HÖHE**: bis 20 m
BLÜTEZEIT: April–Mai, mit dem Blattaustrieb **FRÜCHTE**: etwa 1,5 cm lange Nüsse
TYPISCH: braun- bis schwarzrot gefärbte, elliptische bis eiförmige Blätter

HERBST IM SOMMER? Auf den ersten Blick wirkt das Laub einer Blut-Buche auf dich vielleicht so, als ob es schon mit der Herbstfärbung begonnen hätte. Doch während Herbstblätter ihr Blattgrün abbauen, haben die Blätter der Blut-Buchen zu jeder Zeit genauso viel davon wie ihre grüne Stammform, die Rot-Buche (S. 128). Im Gegensatz zu dieser enthalten sie jedoch in der äußersten Zellschicht rote Farbstoffe. Diese heißen Anthocyane. Sie sind wasserlöslich und zum Beispiel auch dafür verantwortlich, dass Kirschen und Rotwein rot gefärbt sind. Überlagert das Rot der Anthocyane das Blattgrün, entsteht die für Blut-Buchen typische dunkelpurpurne Färbung. Ähnlich überlagern sich übrigens auch bei Rotkohl rote und grüne Farbstoffe. Die „Blutform" der Rot-Buche ist vor über 300 Jahren durch eine Mutation entstanden. Seit dieser zufälligen Veränderung des Erbguts fehlt dem Baum ein Enzym, das normalerweise Anthocyane beim Laubaustrieb abbaut. Um die rote Farbe des Gehölzes zu erhalten, vermehren Gärtner Blut-Buchen nicht über Samen, sondern ungeschlechtlich über Stecklinge. Aus Samen von Blut-Buchen wachsen meistens mehr grün- als rotbelaubte Nachkommen.

MERKMALE Bis auf die Farbe der Blätter entsprechen die Merkmale denen der Rot-Buche (S. 128). Frisch ausgetriebene Blätter leuchten rot (Bild unten rechts) und werden dann schwarzrot. Über den Sommer kann die dunkle Färbung nachlassen, sodass die Bäume bis zum Herbst immer grüner werden.

RIESENMAMMUTBAUM

Sequoiadendron giganteum – Zypressengewächse

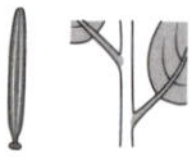

HERKUNFT: Sierra Nevada in Kalifornien **BLÄTTER**: immergrün, 0,3 – 0,8 cm lang **HÖHE BEI UNS**: bis 50 m **BLÜTEZEIT**: Mai **FRÜCHTE**: 5 – 8 cm lange Zapfen **TYPISCH**: mächtiger Baum mit rotbrauner, weicher Rinde

SCHWERGEWICHT Beim mächtigsten Baum der Welt geht der Riesenmammutbaum als eindeutiger Sieger hervor: Ein Exemplar im Sequoia Nationalpark in Kalifornien mit dem Namen „General Sherman" ist rund 84 m hoch und in Brusthöhe fast 10 m dick. Er hat ein Volumen von knapp 1490 Kubikmetern und wiegt fast 2000 Tonnen! Sein Volumen entspricht damit rund 45 Standard-Seecontainern, sein Gewicht dem von 20 Blauwalen. In der Parkanlage Arboretum Ellerhoop in der Nähe von Hamburg kannst du eine Nachbildung der ersten 11 m dieses Baumes in Originalgröße bewundern. In einer dem Stamm

nachgeformten Betonhülle wächst dort ein „General Sherman Junior" heran. Bis ins Jahr 1969 gab es sogar einen Rekordbaum, in dessen Stammbasis man 1881 einen Tunnel gebohrt hatte und eine Straße hindurchleitete. Dieses Exemplar brach aber leider unter Schneemassen zusammen.

ÜBERRASCHEND KLEIN 1853 gelangten die ersten Samen des Baumriesen nach Europa. Auch Wilhelm I., König von Württemberg, ließ welche bestellen – ein halbes Pfund. Doch ein großer Baum hat nicht automatisch große Samen. So sind die Gärtner des Königs bestimmt aus allen Wolken gefallen, als sie 1864 die Lieferung erhielten und diese rund 50 000 Samen umfasste. Fleißig wie sie waren, zogen sie zwischen 5000 und 8000 Sämlinge auf. Diese verteilte man nicht nur in den königlichen Gärten, sondern auch an die Forstämter des Landes. Noch heute stehen in Baden-Württemberg zahlreiche prachtvolle Riesenmammutbäume. Alle sind etwa gleich alt und zählen zu den ältesten in Europa.

FEUERFEST Wenn du vor einem Riesenmammutbaum stehst, solltest du unbedingt mal mit der Faust gegen die Rinde drücken. Du wirst erstaunt sein, wie weich sie ist. Sie ist nicht nur lufthaltig, sondern auch bis zu 50 cm dick. Damit schützt sie den Baum sowohl vor großer Kälte als auch vor kleineren Waldbränden. Wenn sich diese im Unterholz durch den Wald fressen, schaffen sie Lichtungen und düngen den Boden mit fruchtbarer Asche. Vom Riesenmammutbaum verbrennen dabei meist nur die äußersten, locker anhängenden Fasern. Erfasst ein Waldbrand dagegen einen umgefallenen Baum, brennt sein Stamm aus und die Rinde bleibt übrig. Großfeuer, wie sie in den letzten Jahren im Westen der USA immer häufiger werden, bedrohen auch stehende Baumgiganten. Das lange Zeit lichterloh brennende Holz der Umgebung greift dann auf Äste und Zweige über und versengt die Rinde.

GUT ISOLIERT Früher bauten die in der Heimat des Baumes lebenden Pomo- und Sinkyone-Indianer Häuser aus der Rinde und stellten Kleidungsstücke aus zerstampftem Rindenmaterial her. In neuerer Zeit interessieren sich Materialwissenschaftler und Verpackungstechniker für das faserige Material. Es erinnert in seiner Struktur an Asbest und besitzt ähnlich gute wärmeisolierende Eigenschaften wie diese Gesteinsfasern. Die Forscher vermuten, dass es im Pflanzenreich kein Material gibt, das Wärme schlechter leitet. Sie nehmen deshalb die Rinde als Anregung, um nach besseren Isoliermaterialien für die Bauindustrie zu suchen. Auch Elektrizität wird über diese Rinde nur schlecht abgeleitet: Der Baum kann deshalb bei einem Blitzeinschlag regelrecht explodieren.

MERKMALE Bei uns kann der Stamm bis zu 4 m dick werden. Er ist an der Basis konisch geformt. In der Jugend bildet der Baum eine sehr regelmäßige, kegelförmige Krone. Bei alten Bäumen fallen die unteren Äste ab, die Krone rundet sich ab und wird lockerer. Die spitzen Nadeln liegen schuppenartig den Zweigen an. Die wulstigen Zapfen reifen im zweiten Jahr, können aber über 20 Jahre lang ungeöffnet bleiben. Oft entlassen sie ihre Samen erst nach einem Waldbrand.

SUMPFZYPRESSE

Taxodium distichum – Zypressengewächse

HERKUNFT: Südosten der USA **BLÄTTER**: sommergrün, 0,5–2 cm lang
HÖHE BEI UNS: bis 25 m **BLÜTEZEIT**: Mai **FRÜCHTE**: bis 3 cm lange Zapfen
TYPISCH: Nadeln und kurze Triebe fallen im Herbst zusammen ab; um den Baum herum wölben sich verholzte, knieartige Auswüchse aus den Boden

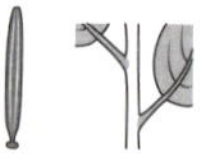

FILMKULISSE Vielleicht hast du schon Filme gesehen, die im Mississippi-Delta oder in den Everglades spielen, etwa „Nevada Smith" mit Steve McQueen oder „Der Patriot" mit Mel Gibson. Dann hast du einen guten Eindruck bekommen, wo sich Sumpfzypressen wohlfühlen. Auf die ersten weißen Siedler in Amerika dagegen wirkten die riesigen, unzugänglichen Sümpfe mit den skurrilen Bäumen furchterregend. Trotzdem gelangte die Sumpfzypresse bereits um 1640 nach Europa. Als Spezialist für sumpfige und nasse Böden, die sehr gerne auch dauerhaft überschwemmt sein dürfen, steht dieser Baum heute auch bei uns in den Parks, meist am oder sogar im Wasser. Im Untergrund ist er in Europa noch weiter verbreitet: Im Zeitalter des Tertiärs (vor 65–2,6 Millionen Jahren) wuchsen hier ausgedehnte Wälder mit diesen Bäumen, die später dann zu Braunkohle wurden.

STOLPERFALLEN Wenn ich einen Baum ansehe, gucke ich gerne in die Höhe und umrunde den Stamm. Bei der Sumpfzypresse habe ich mir das abgewöhnt. Nicht nur, dass ich schon nasse Füße dabei bekommen habe, sondern ich bin fast auf die Nase gefallen: Ich bin über große Knubbel gestolpert bin, die im Wurzelbereich aus dem Boden wachsen. Diese holzigen Wurzelknorren entstehen an oberflächennahen Wurzeln, wenn die Bäume nass stehen. In ihren Heimatsümpfen können sie bis über 1 m hoch werden! Naturkundige hielten sie lange Zeit für „Atemknie". Sie dachten, dass die Wurzeln sich mit diesen über den Wasserspiegel ragenden Bildungen mit ausreichend Luft versorgen. Heute weiß man, dass sie dem Baum als Vorratsspeicher für Kohlenhydrate dienen. Außerdem erhöhen solche Gebilde, ähnlich wie Brettwurzeln (S. 183), die Standfestigkeit des Baumes auf weichem Boden.

BIBLISCHES ALTER Schon länger ist bekannt, dass die Sumpfzypresse mehr als 1500 Jahre alt werden kann und damit zu den Bäumen mit der höchsten Lebenserwartung zählt. 2018 fanden Forscher aus den USA über 2000 Jahre alte Exemplare und setzten die Art auf eine Liste von acht Baumarten, die nachweislich ein solches Alter erreichen können. Für den Methusalem unter den untersuchten Sumpfzypressen fanden sie anhand der Jahresringe heraus, dass er zu diesem Zeitpunkt mindestens 2624 Jahre alt war. Er ist nun weltweit der fünftälteste Einzelbaum, dessen Stamm kontinuierlich lebt und Früchte bildet. Bei den Baumältesten, die ihn übertreffen, handelt es sich ebenfalls um amerikanische Nadelbäume. Der älteste ist eine Langlebige Grannen-Kiefer mit einem Alter von 5066 Jahren. Auch ein 3266 Jahre alter Riesenmammutbaum (S. 82) zählt dazu.

Bei anderen, zum Teil noch älteren Bäumen in Rekordlisten zeigt nur das Wurzelwerk ein entsprechendes Alter. Ihre Stämme dagegen sind viel jünger. So gibt es in Schweden eine Gewöhnliche Fichte (S. 126), die liebevoll „Old Tjikko" genannt wird. Ihr Stamm hat „nur" ein Alter von etwa 600 Jahren, das Wurzelsystem dagegen ist seit mindestens 9550 Jahren intakt und bildet immer wieder einen neuen Stamm. Noch älter können Baumgruppen werden, die ein gemeinsames Wurzelsystem haben und damit genetisch identisch sind. In den USA gibt es eine solche Klonkolonie, bei der das Wurzelgeflecht rund 80 000 Jahre alt ist. Es handelt sich um eine Amerikanische Zitter-Pappel, die ganz ähnlich wie die bei uns heimische Zitter-Pappel (S. 170) aussieht.

MERKMALE Der Baum hat einen geraden Stamm, der an der Basis sehr breit werden kann. Die weichen, hellgrünen Nadeln bilden sich ab Ende Mai an wechselständigen einjährigen Trieben. Sie färben sich im Spätherbst orangerot bis goldbraun. Die kugeligen Zapfen entwickeln sich an den Triebenden.

ÄHNLICHE ARTEN Der **Urweltmammutbaum** (S. 86) hat keine Wurzelknie und gegenständige einjährige Triebe. Die Nadeln ähneln etwas denen einer **Eibe** (S. 54), bei der sie jedoch immergrün sind.

URWELTMAMMUTBAUM

Metasequoia glyptostroboides – Zypressengewächse

HERKUNFT: China **BLÄTTER**: sommergrün, 1–3 cm lang **HÖHE BEI UNS**: 25–35 m **BLÜTEZEIT**: Mai **FRÜCHTE**: bis 2,5 cm große Zapfen **TYPISCH**: Nadeln und kurze Triebe fallen im Herbst ab; Stamm mit dicken Längswülsten

LEBENDES FOSSIL Die Entdeckung dieses auffälligen Baumes im letzten Jahrhundert war eine wissenschaftliche Sensation sowohl für Botaniker als auch für Paläontologen. Die ersten versteinerten Zweige des Gehölzes beschrieb ein japanischer Forscher im Jahr 1941. Um die gleiche Zeit bemerkte ein Forstwirt einen ihm unbekannten winterkahlen Baum in Zentralchina. Doch er nahm – warum auch immer – keine Probe davon mit. Auf Exkursionen in den Folgejahren fanden Wissenschaftler dort jedoch über 1000 weitere, bis zu 50 m hohe Exemplare des in keiner Literatur aufgeführten Baumes. Im Jahr 1948 wurde er dann als Urweltmammutbaum beschrieben. Von dem erst kurz zuvor als Fossil gefundenen Baum waren damit lebende Vertreter entdeckt worden: ein „lebendes Fossil", das in einem kleinen Areal seit dem Erdmittelalter bis heute überdauern konnte! Aber wo wuchs der Baum früher? Als Forscher bereits bekannte Fossilfunde aus Grönland, Sibirien und Ostasien nochmals untersuchten, stellten sie fest, dass viele davon falsch benannt worden waren und ebenfalls zum Urweltmammutbaum gehörten. Demnach war der Baum im Alt-Tertiär, vor 65–50 Millionen Jahren, in Mischwäldern des Nordens weit verbreitet. Es teilte sich damals den Lebensraum mit Gehölzen wie dem Ginkgo (S. 38) und den ersten Säugetieren.

ZU NEUEN EHREN In unserer Zeit feiert der Urweltmammutbaum ein echtes Comeback: Bald nach seiner Entdeckung gelangten erste Samen in botanische Gärten. Heute steht er in vielen Parks und Privatgärten, vor allem in Nordamerika und Mitteleuropa. So konnte der Baum mithilfe des Menschen innerhalb weniger Jahrzehnte ein größeres Gebiet erobern als im ganzen Erdmittelalter.

Das älteste Exemplar Deutschlands kannst du auf der Blumeninsel Mainau im Bodensee bewundern. Es stammt aus den bei Botanikern berühmten Kew Gardens bei London und wurde 1952 auf der Insel ausgepflanzt. Damals maß die Attraktion nicht einmal 1 m, heute ist sie über 30 m hoch. In den Folgejahren schnitten die Mainau-Gärtner Zweige dieses Mutterbaums und ließen sie bewurzeln. Mit diesen Stecklingen pflanzten sie in den Jahren 1959 und 1960 eine ganze Allee mit 52 Urweltmammutbäumen auf die Blumeninsel. Diese Allee ist wohl weltweit die älteste mit dieser Baumart.

ROSIGE ZUKUNFT Der Baum ist anspruchslos und robust. Er erträgt zeitweise überflutete Böden ebenso wie trockenes, heißes Stadtklima. Darüber hinaus ist er unempfindlich gegenüber Krankheiten und Schädlingen. So ist er nicht nur ein Relikt der Vergangenheit, sondern gleichzeitig ein Klimabaum mit Zukunftschancen.

MERKMALE Junge Bäume haben eine schlanke, pyramidenförmige Krone, bei alten ist sie breit und oben abgerundet. Da sich der Baum leicht über Stecklinge vermehren lässt, stehen oft genetisch identische Exemplare in den Parks. Diese können sich im Wuchsbild wie eineiige Zwillinge ähneln. Der Stamm ist an der Basis stark, manchmal fast sockelartig verbreitert. Dies erhöht seine Standfestigkeit auf feuchtem Boden. Unter den Ästen besitzt er jeweils eine tiefe Aushöhlung. Dadurch wirken die Äste, als ob sie nachträglich in den Stamm gesteckt worden wären. Die weichen, hellgrünen Nadeln sind schon im Mai vollständig entwickelt und färben sich im Spätherbst goldgelb bis orange und kupferbraun. Die rotbraunen männlichen Blüten bilden 5–10 cm lange Blütenstände, die weiblichen stehen einzeln und sind unauffällig. Die Zapfen sind kugelig bis eiförmig.

ÄHNLICHE ART Die **Sumpfzypresse** (S. 84) unterscheidet sich durch wechselständig angeordnete Nadeln und Kurztriebe. Zudem besitzt sie häufig knieartige, aus dem Boden ragende Wurzelauswüchse. In Parks stehen häufig beide Arten nah beieinander.

EDEL-KASTANIE

Castanea sativa – Buchengewächse

HERKUNFT: Armenien **BLÄTTER**: sommergrün, bis 30 cm lang
HÖHE BEI UNS: 10–30 m **BLÜTEZEIT**: Juni–Juli **FRÜCHTE**: 2–4 cm lange Nüsse
TYPISCH: extrem stachelige Fruchtbecher, die sich mit 4 Klappen öffnen

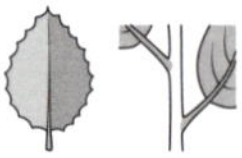

BLÜTENPRACHT Steht irgendwo eine Edel-Kastanie, fällt sie dir sicher zur Blütezeit auf. Der Baum bildet dann große Mengen gelblich weißer Blütenkätzchen, die wie lange, dünne Flaschenbürsten zwischen dem dunkelgrünen Laub stehen oder hängen. Sehe ich so einen Baum, muss ich auch an brennende Wunderkerzen denken. Die Blüten riechen intensiv und für manche Nasen widerwärtig. Für Käfer und Bienen sind sie jedoch unwiderstehlich. Der Baum wird jedoch nicht nur von Insekten bestäubt, sondern auch vom Wind. Damit die glänzenden, braunen Nüsse – die Kastanien – reifen, muss Pollen eines anderen Edel-Kastanienbaums auf die Narben gelangen. Steht nur ein Baum im Park, bildet er ausschließlich taube Früchte aus. In dem stacheligen Fruchtbecher sitzen dann eingeschrumpelte, kleine Nüsse.

BROT DER ARMEN LEUTE Die Völker des Altertums nahmen die Edel-Kastanie als Fruchtbaum in Kultur und verbreiteten sie im ganzen Mittelmeerraum. Mit den Römern gelangte sie auch zu uns. Karl der Große verlangte Ende des 8. Jahrhunderts sogar ausdrücklich ihren Anbau auf seinen Gütern. Im Süden gehörten Kastanien bis ins 19. Jahrhundert zu den

Grundnahrungsmitteln. Besonders wichtig waren sie in den für Getreideanbau nicht geeigneten Bergregionen. Dort bildeten sie als „Brot der armen Leute" oft das einzige Nahrungsmittel. Der Ertrag von einem oder zwei Bäumen reichte aus, damit ein Erwachsener das ganze Jahr ausreichend zu essen hatte. Um sie haltbar zu machen, wurden die Kastanien geschält und getrocknet oder gedarrt und zu Mehl vermahlen. Kastanien sind sehr nahrhaft. Sie enthalten viel Stärke, mehr Eiweiß als Kartoffeln und wenig Fett.
Auf der Alpensüdseite und auf Korsika legten die Bauern früher Haine mit gepfropften Edel-Kastanien an. Solche parkartigen Anlagen, in denen die Kastanienbäume locker auf Wiesen stehen, heißen Selven. Im Frühjahr und Sommer weidete das Vieh darin. Im Herbst sammelten die Leute die Kastanien auf. Der lichte Baumbestand musste intensiv gepflegt werden und lieferte dabei gleich noch Brenn- und Bauholz. Viele Selven sind mittlerweile verschwunden, doch in einigen Regionen lebt diese Kulturform dank fleißiger Hände wieder auf.

DELIKATESSE Heute brauchen wir uns in der Regel nicht mehr zu sorgen, ob uns Esskastanien satt machen. Wir genießen sie als leckere Spezialität. Heiße Maroni, auf dem Weihnachtsmarkt frisch über dem Feuer geröstet – wem schlägt da das Herz nicht höher? Beim Rösten verzuckert die Stärke der Früchte, sodass die Maroni besonders lecker schmecken. Gekochte Maroni passen zu Rotkohl, Wild oder in die Weihnachtsgans. Auch Kastanienmehl kannst du kaufen. Es ist glutenfrei und eignet sich somit auch für Menschen mit Glutenunverträglichkeit.

KASTANIEN UND FEUER Sicher kennst du die Redensart „für jemanden die Kastanien aus dem Feuer holen". Wir verwenden sie, wenn eine Person für eine andere etwas Unangenehmes, Schwieriges oder Gefährliches tut. Ihr Ursprung geht mindestens bis ins 17. Jahrhundert zurück. Damals beschrieb der französische Dichter La Fontaine in seiner Fabel „Der Affe und die Katze" wie ein Affe einen Kater überredet, für ihn geröstete Kastanien vom offenen Feuer zu klauen.

MERKMALE Außerhalb von Siedlungen wächst der Baum bei uns in Weinbauregionen auch in Wäldern. Die Blätter sind länglich lanzettlich. Die Blütenkätzchen (Bild oben) bestehen entweder nur aus männlichen oder aus vielen männlichen und wenigen weiblichen Blüten. Jeder der stacheligen Fruchtbecher enthält ein bis vier braune, glatte Nüsse.

ÄHNLICHE ART Die **Rosskastanie** (S. 26) heißt zwar auch Kastanie, doch ist sie nicht mit der Edel-Kastanie verwandt.

SILBER-AHORN

Acer saccharinum – Seifenbaumgewächse

HERKUNFT: östliches Nordamerika **BLÄTTER**: sommergrün, bis 14 cm breit **HÖHE BEI UNS**: 15–20 m **BLÜTEZEIT**: Februar–März **FRÜCHTE**: bis 6 cm lange Spaltfrüchte **TYPISCH**: rötliche Blütenbüschel erscheinen lange vor dem Laubaustrieb; Blätter mit silberner Unterseite

BIENENBAUM Der Silber-Ahorn ist ein echtes Schmuckstück in Parks – und ein nützliches obendrein: Mit seiner frühen Blütezeit bietet er Bienen und Hummeln schon ab Februar eine ergiebige Nahrungsquelle, an der sie süßen Nektar tanken können. Imker stufen den Baum als Nektarlieferanten in die beste Kategorie ein und stellen gerne ihre Bienenstöcke in seine Nähe. Später im Jahr kannst du dich an dem unterseits hell leuchtenden Laub erfreuen, das im Herbst eine tolle Wandlung durchmacht: Die dunkelgrüne Oberseite wechselt nach Gelb, Orange und Rot, während die Unterseite weiterhin einen hellen Kontrast bildet. Mit diesem Farbenspiel trägt der Baum in seiner Heimat zum Indian Summer bei (S. 76). Übrigens: Auch wenn sich der wissenschaftliche Name *saccharinum* vom lateinischen „saccharum" ableitet, was Zucker heißt, wird aus dieser Art kein Ahornsirup gewonnen. Der Silber-Ahorn enthält im Saft seiner Stämme höchstens 2 Prozent Zucker und damit viel weniger als der in Amerika heimische Zucker-Ahorn oder der Berg-Ahorn (S. 142).

MERKMALE Die hohe Krone wirkt durch lange Äste und überhängende Zweige recht locker. Die Blätter sind bis über die Mitte in fünf gezähnte Lappen eingeschnitten. Wenn sie austreiben, trägt der Baum bereits junge Früchte. Die Flügel der Spaltfrucht stehen u- oder v-förmig zueinander.

ESCHEN-AHORN

Acer negundo – Seifenbaumgewächse

HERKUNFT: östliches Nordamerika **BLÄTTER**: sommergrün, Blättchen 5–10 cm lang **HÖHE BEI UNS**: 6–20 m **BLÜTEZEIT**: März, vor dem Laubaustrieb **FRÜCHTE**: etwa 4 cm lange Spaltfrüchte **TYPISCH**: Blatt mit 3–7 Blättchen; Frucht mit v-förmig stehenden Flügeln

WAS BIN ICH? Eine Esche, die wie ein Ahorn aussieht? Oder ein Ahorn, der einer Esche ähnelt? Wenn du dir den wissenschaftlichen Namen ansiehst, wird es klar: *Acer*, also ein Ahorn. Seine Blätter ähneln aber denen einer Esche. Der Baum wird bei uns schon seit dem 17. Jahrhundert als Ziergehölz kultiviert. Er erträgt Luftverschmutzung und Trockenheit ebenso gut wie längere Überflutung. Stadtgärtner pflanzen ihn im Siedlungsbereich. Als Pionierbaum eignet er sich auch zur Begrünung von Müllkippen und Schutthalden. Da er jedoch wie alle Ahornarten reichlich fruchtet – ein einziger weiblicher Baum kann jährlich über 20 000 Früchte ausbilden –, beschränkt er sich schon lange nicht mehr auf Standorte, an denen er gepflanzt wird. Nein, unterschiedlich alte Exemplare sprießen zwischen Bahnschotter und auf Industrieflächen, an Straßen und Wegrändern. Vor allem im Osten Deutschlands hat er es häufig bis in die freie Landschaft geschafft und konnte sich einbürgern. Er gilt als invasive Art, die heimische Arten verdrängen kann.

MERKMALE Die männlichen Blüten bilden lang gestielte Büschel, die weiblichen lange Trauben. Für die Bestäubung sorgt der Wind. In Gärten und Parks wachsen auch Sorten mit weiß oder rot gemusterten Blättern.

ÄHNLICHE ART Die **Gewöhnliche Esche** (S. 166) hat Blätter mit bis zu 15 Fiederblättchen. Sie bildet keine Spaltfrüchte.

TROMPETENBAUM

Catalpa bignonioides – Trompetenbaumgewächse

HERKUNFT: Südosten der USA **BLÄTTER**: sommergrün, 15–30 cm lang **HÖHE BEI UNS**: 10–15 m **BLÜTEZEIT**: Juni–Juli **FRÜCHTE**: 15–40 cm lange Kapseln **TYPISCH**: 3–5 cm lange, weiße, innen gemusterte, glockige Blüten

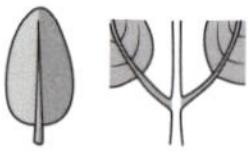

BEAMTENBAUM Wenn du im späten Frühjahr im Park einen Baum siehst, dessen Laub immer noch nicht ausgetrieben hat, obwohl alle anderen Gehölze um ihn herum bereits grün sind, hast du wahrscheinlich einen Trompetenbaum vor dir. Er treibt nicht nur spät aus, sondern lässt im Herbst schon beim ersten Frost seine dann manchmal hellgelb gefärbten Blätter fallen. Böse Zungen sagen deshalb: „Er kommt spät und geht früh – wie ein typischer Beamter".

ZIGARRENBAUM Die langen Früchte erinnern zwar etwas an Zigarren, doch an der Behauptung, dass Indianer diese geraucht hätten, ist nichts dran. Trotzdem ist der Baum eng mit Indianern verbunden: Sein wissenschaftlicher Name *Catalpa* geht auf die Bezeichnung „kutuhlpa" zurück, die das Indianervolk der Creek ihm gab. Dies bedeutet so viel wie „Kopf mit Flügeln" und bezieht sich entweder auf die Blüten mit der weiten Röhre und den ausgebreiteten Lappen oder auf die fransig geflügelten Samen.

MERKMALE Der Gewöhnliche Trompetenbaum hat ei- bis herzförmige, weiche Blätter mit einer langen Spitze. Die Blüten zeigen im Schlund purpurne Punkte. Zusätzlich weisen zwei gelb gefleckte „Landebahnen" Bienen und Hummeln den Weg zum reichlich vorhandenen Nektar. Der Baum gilt deshalb als gute Bienenweide. Die bohnenähnlichen, bleistiftdicken Kapseln entlassen erst im Frühjahr zahlreiche flache, etwa 2,5 cm lange Samen, die der Wind davonträgt.

JUDASBAUM

Cercis siliquastrum – Hülsenfrüchtler

HERKUNFT: Südeuropa, Vorderasien **BLÄTTER**: sommergrün, bis 13 cm lang
HÖHE BEI UNS: 3–10 m **BLÜTEZEIT**: Mai **FRÜCHTE**: 10–12 cm lange Hülsen
TYPISCH: Büschel mit rosaroten Schmetterlingsblüten an Zweigen und Stämmen

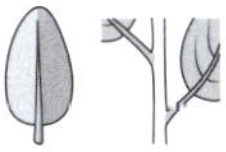

BIBLISCHE SYMBOLIK Dieser Baum trägt seinen Namen nach Judas Iskariot. Christen sehen bei ihm verschiedene Hinweise auf diesen Jünger Jesu und seine Taten. So sollen die Blätter an die 30 Silberlinge erinnern, die Judas gemäß der Bibel für den Verrat an Jesus erhalten hat. Aus Reue soll sich der Jünger an einem Baum erhängt haben, der später seinen Namen erhielt. Da dieses Gehölz um das Osterfest herum blüht, steht es im Volksglauben eng mit der Karwoche und Ostern in Zusammenhang. Ursprünglich sollen die Blüten weiß gewesen sein. Erst nach der Kreuzigung färbten sie sich rot. Es heißt auch, dass die Blüten wegen des Treuebruchs von Judas vor lauter Scham rot angelaufen sind.

MERKMALE Im Mittelmeerraum gehört der Judasbaum zu den häufig gepflanzten Ziergehölzen. Bei uns findest du ihn viel seltener. Doch wenn der exotisch wirkende Baum blüht, sorgt er auch in unseren Parks für südländisches Flair. Die herrlichen Blüten öffnen sich vor dem Laubaustrieb. Sie enthalten viel Nektar und Pollen. Deshalb sind sie für Bienen und andere bestäubende Insekten eine lohnende Nahrungsquelle. Die Blätter sind rund bis nierenförmig und am Stielansatz wie ein Herz eingekerbt. Die Früchte sind dunkelbraun und verbleiben über den Winter am Baum.

ARAUKARIE

Araucaria araucana – Araukariengewächse

HERKUNFT: Anden Südamerikas **BLÄTTER**: immergrün, bis 5 cm lang **HÖHE BEI UNS**: bis etwa 10 m, selten höher **BLÜTEZEIT**: Juni **FRÜCHTE**: bis 20 cm lange Zapfen **TYPISCH**: bizarre, biegsame Äste mit spiralig angeordneten Schuppenblättern

ANDENTANNE Alles an der Chilenischen Araukarie wirkt exotisch und bizarr. Wenn du sie das erste Mal siehst, denkst du vielleicht sogar, sie sei aus Plastik. Die Zweige erinnern an grüne Schlangen mit abstehenden, glänzenden Schuppen oder an eine steife Bürste zum Rohrreinigen. So trägt das Gehölz auch Namen wie Reptilienbaum, Affenschwanzbaum oder Chilenische Schmucktanne. Die Bezeichnung Araukarie geht auf die chilenische Provinz Arauco zurück. In Südchile und Nordpatagonien bildet der Baum in Höhen von 600–1800 m lockere Wälder. Dort hat er eine schirmförmige Krone, wird mehrere Hundert Jahre alt und 30–50 m hoch. Damit gilt er als der beeindruckendste Nadelbaum der Südhalbkugel. Als Zierbaum gedeiht er auch im südlichen Europa sowie in England und Frankreich gut. In Deutschland kannst du am ehesten in den klimatisch günstigen Weinbauregionen ab und zu auf größere Araukarien treffen und ihre Blüten sowie die großen Zapfen entdecken. In anderen Gegenden leiden sie im Winter und können bei Frost unter -15 °C erfrieren. Oft trifft dies junge Bäume, die noch nicht genug eingewurzelt sind. Doch kenne ich auch eine Araukarie bei Stuttgart, die schon über 5 m hoch war und dann einen kalten Winter nicht überlebte – schade!

MERKMALE Die Form des Baumes ist anfangs spitz, später stumpf kegelförmig. Seine Äste stehen in Quirlen und sind nur spärlich verzweigt. Die dreieckigen Schuppenblätter sind sehr steif und stechend spitz. Es gibt männliche und weibliche Bäume.

KÜSTENMAMMUTBAUM

Sequoia sempervirens – Zypressengewächse

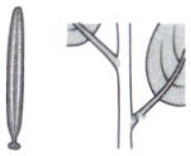

HERKUNFT: Küsten Kaliforniens und Oregons **BLÄTTER**: immergrün, 10–20 mm lang **HÖHE BEI UNS**: 20–30 m **BLÜTEZEIT**: Februar–März **FRÜCHTE**: etwa 2 cm lange Zapfen **TYPISCH**: dunkelgrün glänzende Nadeln und kleine holzige Zapfen

DER TITAN Diese Baumart stellt neben australischen Eukalyptus-Arten und dem Riesenmammutbaum (S. 82) die höchsten Bäume der Welt. Den aktuellen Höhenrekord hält ein Küstenmammutbaum im Redwood-Nationalpark in Kalifornien. Das 2006 entdeckte, auf ein Alter von 700 bis 800 Jahren geschätzte Exemplar misst stolze 115 m. Es ist damit etwa so hoch wie das Freiburger Münster oder der Lübecker Dom. Dieser Baumriese wurde nach dem Titanen Hyperion aus der griechischen Mythologie benannt. Er muss jedoch noch etwas wachsen, um den Weltrekord zu brechen: Im 19. Jahrhundert wurde bei einem australischen Riesen-Eukalyptus eine stolze Höhe von 132 m gemessen.

MERKMALE Der Baum bildet eine kegelförmige Krone mit oft etwas hängenden Ästen. Aus abgesägten Stümpfen können ganze Kreise neuer Bäume austreiben. Die dunkelgrün glänzenden Nadeln stehen an kurzen Seitentrieben in zwei Zeilen, an längeren spiralig. Außerdem besitzt der Baum auch noch etwa 6 mm lange Schuppenblätter. Die eiförmigen Zapfen spreizen bei der Reife ihre Schuppen und bleiben lange am Baum hängen.

ÄHNLICHE ART Die viel häufiger gepflanzte **Eibe** (S. 54) hat ähnliche dunkelgrüne Nadeln. Sie besitzt aber keine Schuppenblätter und trägt einzeln stehende Samen mit rotem Samenmantel.

BLAUGLOCKENBAUM

Paulownia tomentosa – Blauglockenbaumgewächse

HERKUNFT: China **BLÄTTER**: sommergrün, 15–30 cm lang **HÖHE BEI UNS**: bis 15 m **BLÜTEZEIT**: April–Mai **FRÜCHTE**: etwa 4 cm lange Kapseln **TYPISCH**: violettblaue Blüten vor dem Laubaustrieb

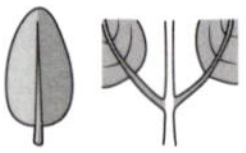

PIONIER MIT POTENZIAL Er erträgt nur wenig Frost – aber der Blauglockenbaum wird zu den Gewinnern des Klimawandels zählen. Besonders gut entwickelt er sich in mildem Weinbauklima. Bei uns konnte er sich mancherorts bereits über Samen auf Bahngelände und Brachland in den Städten ansiedeln. Naturschützer befürchten, dass er zu einem Problemgehölz werden könnte. Nicht ohne Grund: In den wärmeren Gebieten der USA hat sich der Pionierbaum an felsigen Standorten bereits zu einer Plage entwickelt und verdrängt dort heimische Pflanzen. Die Wuchsleistungen des Baumes sind rekordverdächtig: Er zählt zu den am schnellsten wachsenden Blütengehölzen und zeigt gleichzeitig den größten Holzzuwachs. Die Jahresringe des Baumes werden bis zu 2 cm breit – somit kann sein Stamm jedes Jahr 4 cm an Dicke zulegen! Wird er abgesägt, kann er in nur einer Saison aus dem Stumpf und aus seinen Wurzeln starke, bis zu 5 m hohe Triebe bilden. An diesen stehen dann bis zu 50 cm lange Riesenblätter. In China ist der Baum ein wichtiger Holzlieferant. Auch bei uns könnte ihm eine solche Zukunft bevorstehen. Obwohl er so rasch wächst, gilt sein Holz als hochwertig. Das „Kiri-Holz" schimmert seidig, ist harz- und

geruchlos und erst bei höheren Temperaturen entflammbar. Es wiegt nur etwa ein Drittel so viel wie Eichenholz und zählt damit zu den leichtesten Hölzern. Da es gleichzeitig flexibel und stabil ist, gilt es als „Aluminium unter den Holzarten". Besonders gut eignet es sich für Möbel, Türen, Fenster, Surfboards und Segelflugzeuge sowie als Klangholz für Musikinstrumente. Darüber hinaus gibt es auch in Europa schon erste Plantagen, auf denen die Bäume als Energieholz für Holz- und Pelletheizungen wachsen. Sie liefern mehr Biomasse als die sonst auf den Energieholzplantagen üblichen Weiden und Pappeln.

KAISERBAUM UND ZARENTOCHTER
Der auffallende Blütenbaum brachte es weit über China hinaus zu Ruhm und Ehre: Drei Blätter und Blütenstände zierten in stilisierter Form das Wappen des japanischen Kaiserhauses und sind heute auf dem Wappen des japanischen Premierministers und seines Kabinetts zu sehen. Früher pflanzten vornehme japanische Familien bei der Geburt einer Tochter einen Blauglockenbaum. Da er so rasch wächst, konnten sie zur Hochzeit der Tochter einen „Tansu" aus seinem Holz herstellen lassen. In dieser tragbaren Kommode gelangte der Besitz der Braut in ihr neues Heim. Schmückende Beschläge und Schlösser repräsentierten den Stand der Familie.
Erst 1834 brachte der Würzburger Naturforscher Philipp Franz von Siebold den Blauglockenbaum nach Europa. Hier erhielt er seinen wissenschaftlichen Namen *Paulownia* zu Ehren der russischen Zarentochter Anna Pawlowna, die an der Seite von Wilhelm II. Königin der Niederlande wurde.

MERKMALE Die herzförmigen Blätter fühlen sich durch feine Haare weich an. Die braun behaarten Blütenknospen entwickeln sich bereits im Vorjahr. An den aufrechten Blütenständen öffnen sich bis 6 cm lange, schmal glockige Blüten. Die eiförmigen Früchte (Bild oben) springen mit zwei Klappen auf. Sie entlassen je weit über 1000 Samen. Diese etwa 4 mm langen Gebilde solltest du dir unbedingt mit einer Lupe ansehen: Mehrere fein gewellte, durchscheinende Flügel lassen sie wie in einen luftigen Brautschleier gehüllt erscheinen – so

fliegen sie nicht nur gut mit dem Wind, sondern sind wahre Kunstwerke der Natur!

ÄHNLICHE ARTEN Wenn dieser Baum blüht, ist er bei uns unverwechselbar. **Trompetenbäume** (S. 92) haben ähnlich geformte Blätter, aber bleistiftähnliche Früchte und nie blaue Blüten. An Straßen in Südeuropa steht oft der **Jacarandabaum** (*Jacaranda mimosifolia*, Bild unten) mit ebenfalls glockigen, violettblauen Blüten. Seine Früchte erinnern jedoch in Form und Größe an Kastagnetten. Seine Blätter sind fein und doppelt gefiedert.

RINDEN

Die ganzjährig sichtbaren Mäntel der Bäume

SCHUTZKLEIDUNG Besonders wenn du im Winter vor einem Baum stehst, fällt dir ein ganz bestimmtes Merkmal auf: die Rinde. Sie ist die feste und harte Schicht, die Äste und Stämme nach außen hin abschließt. Ihre äußeren Schichten bestehen aus totem Gewebe. Sie schützen den Baum vor Verletzungen sowie Kälte, Hitze und Austrocknung.

STIEL-EICHE (S. 134)

— *Quercus robur*

Diese Rinde ist sehr dick und fest. Sie zeigt tiefe Furchen und hohe Rippen und enthält viele Gerbstoffe. Eine solche Rinde ist hart im Nehmen. Sie schützt die empfindlicheren Stammteile sehr gut vor Verletzungen, Pilzen und Tierfraß.

HÄNGE-BIRKE (S. 140)

— *Betula pendula*

Kein anderer Baum besitzt eine so helle Rinde wie viele Birken. Ein weißer Farbstoff reflektiert das Sonnenlicht und schützt den Baum vor Überhitzung. Bei der Hänge-Birke sind die weißen, glatten Flächen von rauen, dunklen Feldern unterbrochen.

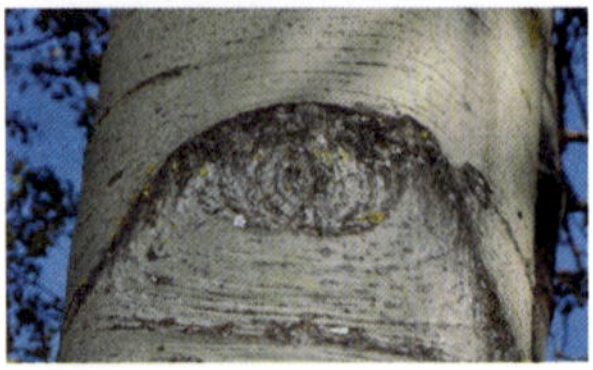

ZITTER-PAPPEL (S. 170)

— *Populus tremula*

Der helle Eindruck von Pappelrinde entsteht, wenn Licht von ihren lufthaltigen Zellen reflektiert wird. Für den grünlichen Farbton ist Blattgrün verantwortlich. Wo Seitenäste waren, verlaufen braune Bögen. Der Fachmann nennt sie „Chinesenbärte".

WEISS-TANNE (S. 144)

— *Abies alba*

Ihr Name bezieht sich auf die Rinde, die lange weißlich oder weißgrau bleibt. An jüngeren Bäumen erheben sich auf ihr oft daumennagelgroße Beulen, die mit duftendem Harz gefüllt sind. An älteren Bäumen reißt die Rinde mit unregelmäßigen Schuppen auf.

GEWÖHNLICHE FICHTE (S. 126)

— *Picea abies*

Im Gegensatz zur Weiß-Tanne wirkt diese Rinde eher rötlich. Sie entwickelt rundliche Schuppen. Besonders bei Bäumen mit besonnten Stämmen stehen sie etwas ab und werfen so einen Schatten auf den Stamm. Dies hilft dem Baum dabei, nicht zu überhitzen.

VERSORGUNGSNETZ Die innersten Teile der Rinde sind für einen Stofftransport verantwortlich: Kohlenhydrate, die der Baum bei der Fotosynthese bildet, werden von oben in Richtung Wurzeln transportiert. Im Frühling dreht sich die Richtung um – nun bedient sich der Baum an den Vorräten aus dem Vorjahr, die mit dem Saftstrom nach oben steigen und so die Knospen zum Schwellen bringen.

ROT-BUCHE (S. 128)
— *Fagus sylvatica*

Die dünne Rinde hat eine sehr langlebige Oberfläche. Verletzungen und eingeritzte Buchstaben bleiben lange sichtbar. Langsam wachsende Moose und krustige Flechten finden hier einen Lebensraum. Du siehst sie oft nur, wenn du die Rinde von Nahem betrachtest.

AHORNBLÄTTRIGE PLATANE (S. 28)
— *Platanus × hispanica*

Die puzzleartige Rinde erinnert an die Tarnkleidung von Soldaten. Sie gehört wohl zu den auffälligsten und bekanntesten Rinden. Der Baum stößt die äußeren Schuppen regelmäßig in unterschiedlich großen Stücken und Platten ab.

BERG-AHORN (S. 142)
— *Acer pseudoplatanus*

Auch dieser Baum verliert seine äußeren Rindenschichten in Platten. So entledigt er sich der Algen, Flechten und Moose, die sich dort angesiedelt haben. Die freigelegten Schichten zeigen feine, etwas erhabene Linien, die wie Höhenlinien auf Wanderkarten verlaufen.

MAHAGONI-KIRSCHE (S. 58)
— *Prunus serrula*

Für Kirschen ist typisch, dass ihre glatte Rinde durch raue Querstreifen „geringelt" ist. Bei der Mahagoni-Kirsche ist sie besonders auffällig entwickelt, denn sie glänzt wunderschön rotbraun. So ist der Baum auch im Winter ein echter Hingucker.

SCHWARZ-KIEFER (S. 131)
— *Pinus nigra*

Große Bäume dieser Art besitzen oft eine prächtige, bis zu 6 cm dicke Rinde. Sie wirkt durch tiefe Furchen und abblätternde Schuppen meist mehrfarbig und zeigt graue, schwarze, rötliche, weißliche oder gelbliche Partien.

FELD UND WIESE

KULTUR-APFEL

Malus domestica – Rosengewächse

HERKUNFT: Kulturformen **BLÄTTER**: sommergrün, bis 12 cm lang
HÖHE: 2–15 m **BLÜTEZEIT**: April–Mai, mit dem Laubaustrieb
FRÜCHTE: über 5 cm große Apfelfrüchte **TYPISCH**: weiße Blüten außen rötlich überlaufen; Frucht rundlich

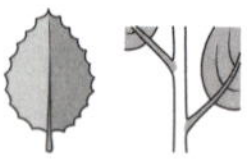

WERTVOLLE VIELFALT Bereits in der Jungsteinzeit aßen die Menschen bei uns Wildäpfel. Sie waren oft kleiner als eine Kirsche. Die Kultur-Äpfel entstanden als Kreuzung dieser heimischen Wildäpfel mit Wildäpfeln aus Südwestasien. Heute bietet dir schon der Laden um die Ecke mehrere Apfelsorten an. Auf den Wochenmärkten kannst du noch mehr davon entdecken. Doch das ist nur ein winziger Ausschnitt der Apfelvielfalt: Weltweit soll es über 10 000 verschiedene Sorten geben! Alleine in Deutschland sollen etwa 1500 davon wachsen. Die meisten wirst du nie sehen, denn es sind Lokalsorten, von denen es oft nur einen oder wenige Bäume auf einer fast vergessenen Streuobstwiese gibt. Manche davon sind wohl schon verloren. Seit mehreren Jahren setzen sich Obstbauern, Privatleute, Vereine und viele andere dafür ein, alte und lokale Sorten zu erhalten. Ein kleiner Zweig genügt, um den Baum zu vermehren: Er wird einfach auf einen anderen Baum als Unterlage gepfropft (S. 19). Die alten Sorten sind auch für Züchter wichtig. Lange Zeit hatten sie in erster Linie schöne, große, süße Äpfel als Ziel vor Augen. Der aromatische Geschmack der alten Sorten blieb auf der Strecke. Außerdem sind die Neuzüchtungen oft anfälliger gegen Krankheiten und leben meist nicht so lange. Allergiker können heftiger auf ihre Früchte reagieren.

NAMENSPATE Eine so bekannte Frucht wie der Apfel musste schon lange für Wortbildungen, Vergleiche und Sprichwörter herhalten. Verschiedene runde, etwa faustgroße Nahrungsmittel verglich man gerne mit Äpfeln und benannte sie Apfelsine, Liebesapfel (Tomate) oder Erdapfel (Kartoffel). Der Apfel, den Adam im Paradies pflückte, war wohl ein Granatapfel. Der Bissen, der ihm von dieser Frucht angeblich im Hals stecken blieb, ist noch heute im Körper jedes Menschen erhalten: Es ist der Adamsapfel, ein Knorpel des Kehlkopfs, der bei den Männern für den Stimmbruch verantwortlich ist. Mit deinen Augäpfeln trägst du noch weitere Äpfel mit dir herum.
Der englische Physiker Isaac Newton hat angeblich das Prinzip der Schwerkraft entdeckt, als ihm ein Apfel auf den Kopf fiel. Tatsächlich fallen die recht schweren Früchte direkt zu Boden und bleiben in der Nähe liegen. Das hat zur Redewendung „Der Apfel fällt nicht weit vom Stamm" geführt. Sie bezieht sich eigentlich darauf, dass Kinder oft den eigenen Eltern sehr nahekommen und sich ähnlich verhalten wie diese. Ich verwende diesen Spruch auch gerne, um einen Unterschied zwischen Apfel- und Birnbaum anschaulich zu machen: Ein Apfelbaum wächst eher ausladend und breit, die Äpfel haben also nur einen kurzen Weg nach unten. Ein Birnbaum dagegen ragt meist mit einem durchgehenden Stamm oder aufrechten Ästen in den Himmel und trägt seine Früchte entsprechend höher. Zumindest gilt diese Eselsbrücke für die alten Sorten. Moderne kleinwüchsige Sorten, die du auch in Plantagen findest, werden dagegen auf bequeme Erntehöhe gezogen, egal ob Apfel oder Birne.

KÄLTEREIZ Die Bäume gedeihen sehr gut in unserem gemäßigten Klima und sind unsere wichtigsten Obstlieferanten. Wo auf der Südhalbkugel ähnliche Bedingungen herrschen, etwa in Neuseeland, wachsen sie ebenfalls. In den Tropen dagegen würden sie keine Ernte liefern, denn damit ihre Blütenknospen erwachen, benötigen sie eine Zeit lang kühle Temperaturen. Dieser Prozess ist bei Gärtnern als „Vernalisation" bekannt und gilt auch für viele andere Pflanzen. So blühen zum Beispiel auch Tulpen und Narzissen nicht ohne vorherige Kälte.

MERKMALE Die Blätter sind unterseits behaart. Die Blüten haben gelbe Staubbeutel und stehen auf dicklichen, behaarten Stielen. Nach der Befruchtung entwickelt sich eine Frucht, in deren Fruchtfleisch fünf pergamentartige Fächer mit ein oder mehreren Samen eingeschlossen sind.

ÄHNLICHE ART Bei der **Kultur-Birne** (S. 106) sind die Blütenblätter weiß und die Staubbeutel rot. Die Früchte sind meist birnen- oder eiförmig oder walzlich.

SÜSS-KIRSCHE

Prunus avium – Rosengewächse

HERKUNFT: heimisch **BLÄTTER**: sommergrün, 6–15 cm lang
HÖHE: 8–20 m **BLÜTEZEIT**: April–Mai, vor dem Laubaustrieb
FRÜCHTE: 1–3 cm große Steinfrüchte **TYPISCH**: reinweiße Blüten; kleine Büschel mit saftigen Früchten an bis zu 5 cm langen Stielen

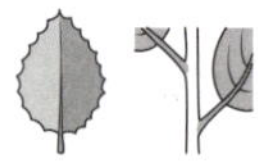

IN ALLER MUNDE Schon in der Jungsteinzeit und Bronzezeit aßen die Menschen Früchte der Vogel-Kirsche. Von dieser Mutter aller Süß-Kirschen stehen häufig einzelne Exemplare an Waldrändern oder in Mischwäldern. Im Frühling fallen sie mit den schneeweißen Blüten besonders auf. Die Früchte der Vogel-Kirsche werden nur etwas größer wie Erbsen und färben sich reif schwärzlich. Der Name Kirsche leitet sich von dem Namen der antiken Kolonialstadt Kerasus am Schwarzen Meer ab. In dieser Region in Kleinasien gab es schon im Altertum Kultursorten von Süß-Kirschen. Heute liegt die Stadt in der Türkei. Sie heißt nun Giresun und trägt im Wappen eine Kirsche. Der römische Feldherr Lucullus eroberte Kerasus im Jahr 74 v. Chr. Als Siegesbeute brachte er nicht nur Gold und Silber nach Rom, sondern – Kirschbäume! Er muss ein echter Feinschmecker gewesen sein. So verbinden wir mit seinem Namen einen lukullischen Genuss. Mit den Römern erreichten Kultursorten der Kirschen Mitteleuropa.
Die Früchte reifen nicht nach und lassen sich kaum lagern. Ich finde es jedoch schön, der Kirschenzeit entgegenzufiebern und mir dann ganz viele der süßen Früchte schmecken zu lassen. Hauptsächlich kleinfrüchtige Sorten werden zu Destillaten gebrannt – das Schwarzwälder Kirschwasser ist eines der bekanntesten. Es gibt der Schwarzwälder Kirschtorte ihr Aroma, zusammen mit eingemachten Sauerkirschen (siehe unten).

VIELFÄLTIGE SYMBOLE UND BRÄUCHE Kirschzweige, die um den Barbaratag (4. Dezember) geschnitten werden, öffnen ihre Blüten bis Weihnachten. Dafür musst du sie in Wasser ins warme Zimmer stellen. Die Blüten sollen Glück für das nächste Jahr bringen. In

manchen Gegenden war es Brauch, dass Mädchen den Zweigen die Namen ihrer Verehrer gaben. Der zuerst blühende Zweig sollte den zukünftigen Bräutigam anzeigen. Kirschblüten erstrahlen im Weiß der Unschuld. Schon wenige Wochen später locken rote Früchte in der Farbe der Liebe. Die ersten davon reifen zu einer Zeit, wenn der Kuckuck ruft und symbolisierten damit Betrug. Die Redewendung „Mit ihm ist nicht gut Kirschen essen" steht jedoch dafür, dass man mit jemand nicht gut auskommt. Im Mittelalter wuchsen gute Kirschen hauptsächlich in den Gärten wohlhabender Leute. Diese trafen sich gerne zum gemeinsamen Kirschengenuss. Oft versuchten ungeladene Gäste, ein paar davon abzubekommen, indem sie sich einfach dazugesellten. Die feinen Leute verjagten solche Mundräuber, indem sie diese mit Kirschkernen bespuckten. So hieß der Spruch ursprünglich: „Mit hohen Herren ist nicht gut Kirschen essen".
Den alten Griechen war die Kirsche heilig. Sie war der Göttin Artemis geweiht. Diese stand für Geburt, Mond und Jagd und galt als Hüterin der Frauen und Kinder. Auch andere Kulturen brachten und bringen den Baum mit dem Mond in Verbindung. So kann es bei Vollmond gefährlich sein, sich einem Kirschbaum zu nähern. Dann schimmert seine Rinde silbern und um seinen Stamm tanzen Elfen und Feen. Wer sie dabei beobachtet, dem droht Unheil, so ein Volksglaube.

MERKMALE Der Baum besitzt eine „geringelte" Rinde. Die Blätter tragen am Stiel direkt unter der Spreite meist ein oder zwei kleine Höcker. Dabei handelt es sich um Nektarien, an deren süßem Saft Ameisen gerne naschen. Im Herbst färben sich die Blätter von grün über gelb nach rot. Die Steinfrüchte sind je nach Sorte gelb, rot oder fast schwarz gefärbt.

ÄHNLICHE ART Die **Sauer-Kirsche** (*Prunus cerasus*) wächst als Strauch oder kleiner Baum mit dünnen, oft überhängenden Ästen. Sie steht in Gärten und verwildert in Weinbergen und Hecken. Ihre Blätter sind kleiner als die der Süß-Kirsche. Die gestielten Blüten öffnen sich etwas später und entwickeln sich zu hell- bis schwarzroten Steinfrüchten, die auch reif noch säuerlich schmecken. Die am häufigsten kultivierte Sorte heißt Schattenmorelle.

KULTUR-BIRNE

Pyrus communis – Rosengewächse

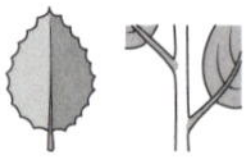

HERKUNFT: Kulturformen **BLÄTTER**: sommergrün, 4–8 cm lang **HÖHE**: 2–25 m **BLÜTEZEIT**: April–Mai **FRÜCHTE**: mindestens 5 cm große Apfelfrüchte **TYPISCH**: Blüten mit weißen Blütenblättern und roten Staubbeuteln; oft orangerote Flecken auf den Blättern

BIRNENFÖRMIG Diese Form beschreibt ganz klar etwas, das unten abgerundet und dick sowie nach oben hin schlank ist. Schon die alten Griechen kannten diesen Begriff. Ich verbinde damit immer die klassische Form einer Glühbirne und denke auch noch an einen bestimmten Kopf. In politischen Karikaturen gehört die Birne ganz eindeutig zum Kopf des ehemaligen Bundeskanzlers Helmut Kohl. Aber auch Menschen mit schmalem Oberkörper und breiten Hüften vergleicht man mit Birnen. So ist die Birnenform eine der fünf Figurtypen, mit denen Stilberater und Modemacher eine Frauenfigur beschreiben. In der Gotik war diese Form das Schönheitsideal einer Frau. Das hat wiederum dazu geführt, dass Birnensorten kuriose Namen bekamen: Weiberstern, Jungfernbirne, Frauenschenkel oder Venusbrust. Tauchen Birnen in Träumen auf, deuten Psychoanalytiker diese häufig als sexuell.

DIE FORM DER FRUCHT Ganz klar, es gibt sie nicht, *die* Birne und damit auch nicht *die* Birnenform. Schon das Angebot im Super-

markt zeigt es dir: Birnenfrüchte können tatsächlich dem Birnenideal deiner Vorstellung nahekommen. Sie können aber auch zum Beispiel rund wie ein Apfel oder walzenförmig sein. Wenn Obstkundler Birnensorten beschreiben, verwenden sie kaum einmal den Begriff „birnenförmig". Da erfährt man dann zum Beispiel, dass manche der über 2500 heute bekannten Sorten kreiselförmig, andere tropfenförmig, wieder andere kegelförmig, beulig oder flaschenförmig sind.

ALTBEKANNT Die Kultur-Birne entstand als Kreuzung mehrerer Wildarten, darunter der Wild-Birne (siehe unten). Archäologische Funde belegen, dass schon die Menschen der Bronzezeit (2200–800 v. Chr.) solche Kultur-Birnen kannten. Heute gehören Birnen bei uns nach Äpfeln zu den beliebtesten Früchten. Allerdings stammt höchstens jede fünfte gekaufte Birne von einem heimischen Baum. Damit die Händler sie ganzjährig anbieten können, werden sie nicht nur aus Europa, sondern auch von der Südhalbkugel, etwa aus Neuseeland, Südafrika oder Chile importiert. Birnen enthalten weniger Fruchtsäure als Äpfel. In meiner süddeutschen Heimat backt man mit getrockneten Birnenschnitzen – den „Hutzeln" – ein Weihnachtsbrot, das „Hutzelbrot". Der Name geht auf eine alte Birnensorte zurück, die „Hutzelbirne". Hutzelig beschreibt gleichzeitig das verschrumpelte, runzelige Aussehen der getrockneten Birnenstücke. Doch nicht nur Birnen sind bei uns „hutzelig", es gibt auch „Hutzelweiber": Das sind dann alte, runzelige Frauen – und wieder ist der Kreis zum weiblichen Geschlecht geschlossen.

MERKMALE Alte Birnbäume besitzen oft einen bis in den Wipfel durchgehenden Stamm oder starke, aufrecht strebende Äste. Sie wirken dadurch sogar im Umriss manchmal birnenförmig. Ausgewachsene Blätter fühlen sich etwas ledrig an und glänzen auf der Oberseite. Die leuchtend orangeroten Flecken, die sie manchmal zeigen, stammen von einem Pilz. Der Birnengitterrost bildet diese Flecken nur auf Birnen. So kannst du sie als eindeutiges Merkmal für die Bestimmung verwenden (Bild unten). Im Fruchtfleisch sitzen mehr oder weniger große Gruppen steinharter Zellen. Diese umgeben besonders das Kerngehäuse und schützen die Samen. Auch das übrige Fruchtfleisch von Birnen verhält sich anders als das von Äpfeln: Reift es, so wird es weich. Birnen platzen deshalb oft auf, wenn sie zu Boden fallen. Der Saft, den die Zellen verlieren, fängt an zu gären und die Früchte riechen intensiv nach Most. Dabei entstehen ein magischer Duft und ein gefundenes Fressen für Wespen, Hornissen und den Admiral.

ÄHNLICHE ART Bei der **Wild-Birne** (*Pyrus pyraster*) enden die Zweige im Gegensatz zur Kultur-Birne oft in einem Dorn. Ihre Früchte werden nur walnussgroß. Ab und zu findest du diesen Baum an Waldrändern oder in Feldgehölzen.

WALNUSS

Juglans regia – Walnussgewächse

HERKUNFT: Asien, östlicher Mittelmeerraum **BLÄTTER**: sommergrün, Blättchen 6–15 cm lang **HÖHE BEI UNS**: 10–25 m **BLÜTEZEIT**: Mai **FRÜCHTE**: 2,5–8 cm lange Nüsse **TYPISCH**: tennisballgroße, grüne Fruchthüllen reißen auf und geben je 1 Nuss mit runzeligem Samen frei

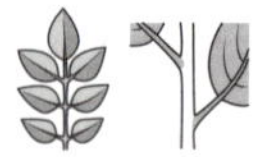

GÖTTLICHE EICHELN Die alten Griechen weihten die Walnuss Zeus, dem höchsten Gott des Olymps. Sie stand bei ihnen für Königswürden und Fruchtbarkeit. Die Römer ehrten mit dem Baum Jupiter, ihren höchsten Gott und nannten ihn „jovis glans". Das lässt sich mit „Jupiters Eichel" übersetzen.
Nüsse gelten ganz allgemein als Symbole für Fruchtbarkeit. Dabei schrieb man der Walnuss wegen des imposanten Baumes und der großen Früchte besondere Kräfte zu. So spielten Walnüsse in vielen Bräuchen eine Rolle. Sie wurden am Abend vor der Hochzeit in das Schlafgemach geworfen, um für Fruchtbarkeit zu sorgen. Der Begriff „Polterabend", vermuten Volkskundler, soll sich vom Poltern der aufschlagenden Nüsse ableiten. Am Hochzeitstag warf der Bräutigam Walnüsse unter seine Gäste. Landeten sie mit hellen Klängen, verhieß dies eine glückliche Ehe. Mancherorts pflanzen Eltern noch heute bei der Geburt ihres ersten Sohnes einen Walnussbaum. Vielleicht kennst du auch die Redewendung „in einer Nussschale" oder den englischen Ausdruck „in a nutshell". Damit ist gemeint, dass etwas kurz zusammengefasst wird und sich dabei auf das Wesentliche beschränkt. Wahrscheinlich hat der römische Naturforscher Plinius der Ältere den Begriff als erster verwendet und so einen raffinierten Vergleich mit der Essenz der Nuss – dem essbaren Nusskern – hergestellt. In der harten Schale ist der Kern nur mit etwas Mühe zu erreichen – ähnlich schwierig ist es, eine Sache auf den Punkt zu bringen.

MACHTKÄMPFE Hast du schon einmal versucht, unter einem Walnussbaum Kartoffeln

oder Tomaten anzupflanzen? Du kannst es bleiben lassen. Die Pflanzen kümmern – nicht wegen zu viel Schatten, sondern weil der Boden mit einem Stoff vergiftet ist, der Bewuchs hemmt. Die Chemiewaffe des Baumes heißt Juglon und kann über abfallende Blätter oder Fruchthüllen, mit abtropfendem Regen oder direkt über die Wurzeln in den Boden gelangen. Die Walnuss hält sich damit Konkurrenz vom Leib. Juglon ist jedoch keine Wunderwaffe: Verschiedene Pflanzen tolerieren diesen Stoff. Wenn du etwas anpflanzen möchtest, musst du nur wissen, welche Arten passen. Die Auswahl reicht von Farnen über Ringelblumen und Johanniskraut bis zu Flieder und Blauregen.

GELBE FINGER Vielleicht hast du das Juglon schon kennengelernt: Es ist dafür verantwortlich, dass die grünen Fruchthüllen deine Finger intensiv gelbbraun färben. Der Stoff verbindet sich dabei mit Eiweißen in der Haut. Die Farbe lässt sich nicht abwaschen oder abbürsten, sondern verschwindet erst, wenn sich die Hautschichten erneuern. Pass' also auf, wenn du Nüsse aufsammelst, die noch in der Schale stecken. Was dich als Nussdieb überführen könnte, lässt sich auf andere Weise ganz praktisch verwenden: Auszüge aus den grünen Fruchthüllen tönen Haare dunkler. Vielleicht kennst du auch Tiroler Nussöl. Es ist nicht nur ein Sonnenschutzmittel, sondern enthält zusätzlich Walnussauszüge, welche die Haut auf natürliche Weise bräunen.

MERKMALE Der Baum bildet meist einen kurzen Stamm und dicke Äste. Die bis 40 cm langen Blätter setzen sich aus drei bis neun derben Blättchen zusammen. Beim Austrieb im Frühjahr wirken sie rotbraun, im Herbst färben sie sich gelblich braun. Die männlichen Blüten hängen in bis zu 10 cm langen Kätzchen (Bild ganz oben). Die weiblichen stehen am selben Baum je zu zweit oder dritt an den Enden der diesjährigen Triebe und fallen kaum auf (im Bild ganz oben rechts). Der Same in der harten Nuss ist ähnlich geformt wie ein Gehirn.

FELD-AHORN

Acer campestre – Seifenbaumgewächse

HERKUNFT: heimisch **BLÄTTER**: sommergrün, 5–10 cm breit
HÖHE: 10–20 m **BLÜTEZEIT**: Mai, mit dem Laubaustrieb
FRÜCHTE: 2,5–3 cm lange Spaltfrüchte **TYPISCH**: 3–5 Blattlappen mit stumpfen Enden; Frucht mit 2 fast waagerecht stehenden Flügeln

NASENZWICKER Vielleicht kennst du das noch aus deiner Kindheit: Die Frucht mit den beiden Flügeln lässt sich leicht in zwei Teile brechen. Probier' das mal mit einer noch grünen, unreifen Frucht. Dann nimmst du eine Teilfrucht und fährst mit dem Fingernagel in den dicken Teil, in dem der Same sitzt. Vorsichtig spaltest du die Teilfrucht etwas und klappst sie so auf, dass du eine Klebefläche erhältst. Mit dieser kannst du dir die Teilfrucht nun auf die Nase kleben. Wir haben früher gewettet, bei wem sie wohl am längsten haften bleibt. Einen wesentlichen Anteil an den natürlichen Klebstoffen der Frucht haben übrigens Eiweiße.

SCHRAUBENFLIEGER Wie viele andere Baumarten vertrauen die Früchte des Ahorns dem Wind, wenn es um ihre Verbreitung geht. Die Natur war bei ihnen ein hervorragender Konstrukteur – Ingenieure hätten sie nicht besser ausrüsten können. Zuerst lösen sich die beiden Teilfrüchte voneinander, dann fallen sie getrennt ab oder werden vom Wind mitgerissen. Nach einem kurzen Sturzflug wird die Teilfrucht durch den Flügel in eine rotierende Bewegung versetzt: Schraubenflieger nennt man sie deshalb. Perfekt wird der Flug, indem Luftwirbel an der oberen Flügelkante für Auftrieb sorgen und den Flieger wie in einem Aufzug nach oben ziehen. Das funk-

tioniert nach dem gleichen Prinzip, das auch Hubschrauber in die Luft hebt. Im Englischen heißen solche Früchte deshalb „Helicopter seeds". Sie bleiben sehr lange in der Luft und landen oft erst weit weg vom Mutterbaum. Da Ahorne außerdem viele Früchte bilden, kann ein einziger Baum problemlos auf einer Fläche von einem ganzen Hektar für Jungwuchs sorgen. Ich kann davon ein Lied singen: Wir haben einen Feld-Ahorn im Garten, der seit einigen Jahren Früchte bildet. Seither keimen überall seine Samen – selbst in Blumenkästen, die höher als die Baumkrone auf dem Balkon stehen.

DER EIGENE SCHATTEN Wer so frei in der Landschaft wächst wie der Feld-Ahorn, muss allen Wetterbedingungen trotzen. Viele Exemplare haben sich einen „Sonnenschirm" zugelegt, um sich vor Überhitzung zu schützen und damit ihnen die Sonne nicht die Zweige verbrennt. Diese sind im Querschnitt nicht rund, sondern zeigen hohe Längswülste, die sie sehr kantig erscheinen lassen. Korkleisten nennt der Fachmann diese Gebilde. Sie werfen Schatten auf den Rest des Zweiges. Außer beim Feld-Ahorn kannst du solche Leisten auch beim Amerikanischen Amberbaum (S. 74) und bei der Feld-Ulme (S. 155) finden. Der Kork, aus dem sie bestehen, ist ähnlich wie der von Kork-Eichen, den du als Dämmstoff und von Flaschenkorken kennst. Während Kork-Eichen allerdings zentimeterdicke Korkschichten an den Stämmen bilden, lohnt es sich nicht, die nur wenige Millimeter hohen Leisten des Feld-Ahorns abzuernten.

MERKMALE Der Feld-Ahorn wächst nicht nur – passend zum Namen – in Feldgehölzen, sondern auch an Waldrändern und seltener in Wäldern. Er erträgt Trockenheit besser als der Spitz-Ahorn und wird deshalb gerne auch an Straßen und in Parks gepflanzt. Als Baum bildet er einen oder mehrere Stämme, oft bleibt er auch strauchig. Die aufwärts stehenden Blütenstände mit den gelbgrünen Blüten fallen zwischen den austreibenden Blättern kaum auf (Bild unten). Sie locken Insekten als Bestäuber an. Die Früchte (Bild oben) reifen im September und Oktober. Die Blätter färben sich im Herbst leuchtend gelb.

ÄHNLICHE ARTEN Beim **Berg-Ahorn** (S. 142) sind die Blätter viel größer. Der **Französische Ahorn** (*Acer monspessulanum*) hat etwas ledrige Blätter mit drei ganzrandigen Lappen. Er ist wärmeliebend und erträgt Trockenheit noch besser als der Feld-Ahorn. Bei uns wächst er wild nur am Mittelrhein, an der Mosel und am Main. Mittlerweile schätzen ihn Stadtgärtner als Straßenbaum – mit guten Zukunftschancen im Zuge der Veränderungen durch den Klimawandel.

EBERESCHE

Sorbus aucuparia – Rosengewächse

HERKUNFT: heimisch **BLÄTTER**: sommergrün, Blättchen 4–6 cm lang **HÖHE**: 5–15 m **BLÜTEZEIT**: Mai–Juni **FRÜCHTE**: 0,6–1,5 cm große Apfelfrüchte **TYPISCH**: bis 15 cm breite Stände mit weißen Blüten; später mit orangeroten Früchten

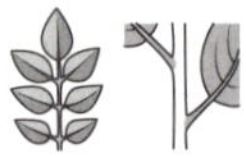

SAGEN UND ZAUBER Ebereschen sind wahre Kämpfernaturen. Im Gebirge wachsen sie bis an die Baumgrenze und im Norden bis an den Arktischen Ozean. Bei uns stehen sie wild in Feldhecken, an Waldrändern, auf Lichtungen und steinigen Hängen. Sie gedeihen auf vielerlei Böden und zwängen ihre Wurzeln in Felsspalten und zwischen Steine. Im Frühjahr zählen sie im Norden zu den ersten Bäumen, die wieder Laub tragen und so das Frühlingserwachen symbolisieren. Bei allen nordischen Völkern spielten die auffälligen, robusten Bäume eine wichtige Rolle. Die Kelten pflanzten sie als Schutzbäume um heilige Haine, Orakel- und Gerichtsplätze. Den Druiden galt die Eberesche als heiliger Baum. Sie sollte vor Unheil schützten und für Heilung und Visionen sorgen. Ein Zauberstab aus Ebereschenholz konnte dabei helfen. Bei den nordischen Völkern war der Baum dem Blitze schleudernden Gewittergott Thor geweiht. In den Göttersagen der Edda rettete er den Gott vor dem Ertrinken. Thor war in einen wilden Strom geraten, das Wasser stand ihm bis zum Halse – da bekam er einen Ebereschenzweig zu fassen. Wahrscheinlich hängt mit dieser Geschichte auch der Glaube zusammen, dass die Eberesche Blitze abhalten kann. Dazu hängten die

Menschen Kränze mit den reifen Früchten vor die Fenster oder auf die Dächer – und tun das mancherorts noch heute.

FRUCHTLIEBHABER Besonders nach dem ersten Frost fallen oft Vogelschwärme in den Baum ein und fressen die Früchte. Der Baum heißt deshalb auch „Vogelbeere". Vogelkundler haben über 60 Vogelarten gezählt, bei denen die Früchte auf dem Speisezettel stehen. Die Samen überstehen die Passage durch den Darm unbeschädigt. So gelangen sie mit dem Kot der gefiederten Boten an neue Keimplätze – eine Portion Dünger erhalten sie gratis dazu. Manchmal keimt eine Eberesche sogar in der Astgabel eines anderen Baumes. Früher nutzten Vogelfänger die Früchte als Köder. Auf diese Verwendung geht der wissenschaftliche Name der Vogelbeere zurück: „au" kommt von „avis" (der Vogel), „cuparia" von „capere" (fangen).
Uns schmecken Ebereschenfrüchte zumindest roh nicht. Sie sind sauer, bitter und können Durchfall sowie Erbrechen auslösen. Kochen inaktiviert die dafür verantwortliche Parasorbinsäure und die Früchte werden schmackhafter. Es gibt auch eine kultivierte Form, die „Mährische Eberesche". Sie hat etwas größere Früchte, die nahezu frei von Bitterstoffen sind. Sie eignen sich für Saft, Marmelade und Likör.

SÜSSSTOFF Die Früchte enthalten auch den Süßstoff Sorbit, der nach dem wissenschaftlichen Namen der Eberesche (*Sorbus*) benannt ist. Getrocknete Früchte besitzen bis zu 12 Prozent davon. Sorbit ist kalorienarm und der Mensch benötigt für seinen Abbau kein Insulin. Somit ist er ein ideales Süßungsmittel für Diabetiker. Er hält außerdem Lebensmittel und andere Produkte feucht. Du findest ihn in der Zutatenliste von Pralinen, Kaugummis und Keksen ebenso wie in Zahncremes und Kosmetika. Als Lebensmittelzusatzstoff trägt er die Nummer E 420. Doch Ebereschen dienen heute nicht mehr als Quelle für Sorbit. Vielmehr stellt man ihn industriell aus Mais- und Weizenstärke her.

MERKMALE Der Baum bildet eine lockere, runde bis eiförmige Krone. Die bis 20 cm langen Blätter setzen sich aus 9–19 am Rand gezähnten Blättchen zusammen. Die Blüten locken mit ihrem etwas fischartigen Geruch Käfer, Fliegen und Bienen an. Ihre fünf Blütenblätter fallen einzeln ab. Die Früchte besitzen ein mehliges Fruchtfleisch und mehrere Samen. Sie bleiben oft bis in den Winter am Baum hängen. Als Zierbaum steht die Eberesche auch in Gärten und Parks sowie an Straßen.

ÄHNLICHE ARTEN Die **Gewöhnliche Esche** (S. 166) hat bis 40 cm lange Blätter mit 5–12 cm langen Blättchen. Die Blütenstände des **Schwarzen Holunders** (S. 116) erinnern an die einer Eberesche. Seine Blütenkronen fallen jedoch als Ganzes ab und seine Blätter stehen gegenständig.

KULTUR-PFLAUME

Prunus domestica – Rosengewächse

HERKUNFT: Kulturformen **BLÄTTER**: sommergrün, 5–10 cm lang **HÖHE**: 3–15 m **BLÜTEZEIT**: April–Mai **FRÜCHTE**: 1,5–7 cm große Steinfrüchte **TYPISCH**: grünlich weiße Blüten auf behaarten Stielen; Früchte mit einer „Längsnaht“

HAUSBAUM DER BAUERN Pflaumen, Mirabellen, Zwetschgen und wie die vielen verschiedenen Formen dieses Gehölzes alle heißen, stehen häufig in Gärten oder auf Obstbaumwiesen. Die Artbezeichnung *domestica* leitet sich vom lateinischen Wort für „häuslich“ ab. Sie zeigt dir, dass es sich nicht um eine Wildart handelt, sondern das Gehölz als Kulturpflanze gezüchtet wurde. Alle Pflaumenformen sind wohl aus verschiedenen Kreuzungen entstanden, an denen Kirschpflaume (S. 118) und Schlehe (S. 119) beteiligt waren. Die ersten Kultur-Pflaumen wuchsen in Vorderasien. Von dort gelangten sie nach Griechenland und Italien. Die Römer brachten sie noch vor der Zeitenwende zu uns. Hier eroberte sich die schnell wachsende Pflanze die bäuerlichen Gärten. Karl der Große soll den Anbau wesentlich gefördert haben. Pflaumen wurden bald zu einem Symbol für Treue und Verlässlichkeit: Kaum ein anderes Obst setzt in so jungem Alter Früchte an und liefert ab dieser Zeit regelmäßig einen guten Ertrag. Für die violettroten Pflaumen (Bild unten links) und die blauvioletten Zwetschgen (Bild unten rechts) mit ihren länglichen Früchten kann ich dies bestätigen. Die gelbfruchtigen Mirabellen (Bild rechte Seite unten) dagegen sind zumindest bei mir im Garten echte Querulanten: Sie blühen reichlich, doch Früchte konnte ich in den vielen Jahren bisher nur einmal ernten.

SCHMACKHAFT UND GESUND Je nach Sorte schmecken die Früchte süß oder süßsäuerlich. Ihr Fruchtfleisch ist weich und saftig oder – bei den Zwetschgen – schnittfest.

Zwetschgen sind neben Äpfeln die Früchte, die am häufigsten auf klassischen Blechkuchen mit Hefeteig landen – egal ob mit Streuseln oder mit Zimt und Zucker bestreut. Doch die Früchte schmecken nicht nur gut, sondern fördern auch die Verdauung. Schon die Römer wussten, dass sie „den hartgespannten Bauch lösen". Noch heute gelten Trockenpflaumen oder Dörrzwetschgen als gesunde und ballaststoffreiche Nahrung. Auf dem Dresdner Striezelmarkt kannst du zu Weihnachten als typisches Präsent ein aus Trockenpflaumen zusammengestecktes Männchen kaufen. Dieser „Pflaumentoffel" sieht aus wie ein Schornsteinfeger. Er geht auf Waisenkinder des 19. Jahrhunderts zurück, die damals Kamine auskehren mussten. Heute ist er ein Glückssymbol – nicht nur für den Magen.

MERKMALE Von diesem Obstgehölz gibt es mehrere Unterarten und viele Kultursorten. Die Bäume wachsen oft sparrig verzweigt und wirken dadurch wie Besen. Die grünlich weißen Blüten stehen auf 5–20 mm langen Stielen meist zu zweit oder dritt beieinander. Sie öffnen sich gleichzeitig wie die unterseits oft dicht behaarten Blätter. Die Steinfrüchte sind je nach Unterart und Sorte verschieden groß und gelb, rot oder blau gefärbt. Der helle, abwischbare Reif, der sie häufig bedeckt, schützt die Früchte als dünner Wachsfilm vor dem Austrocken. Die Kerne sind etwas abgeflacht und spitz.

ÄHNLICHE ARTEN Besonders die **Kirschpflaume** (S. 118) ähnelt den Pflaumen. Sie wird häufig mit Mirabellen verwechselt. Ihr Fruchtfleisch lässt sich jedoch im Gegensatz zu diesen kaum vom Stein lösen. Die **Schlehe** (S. 119) ist anhand der Dornen leicht zu unterscheiden. Sie wächst strauchförmig und bildet nie einen einzelnen dicken Stamm.

SCHWARZER HOLUNDER

Sambucus nigra – Moschuskrautgewächse

HERKUNFT: heimisch **BLÄTTER**: sommergrün, Blättchen 5–12 cm lang
HÖHE: 3–7 m **BLÜTEZEIT**: Mai–Juni **FRÜCHTE**: etwa 6 mm große Steinfrüchte
TYPISCH: bis über 30 cm breite Stände mit weißen Blüten; später mit schwarzen, glänzenden Früchten

MEDIZIN UND GENUSS Früher fehlte der Holunder bei keinem Bauernhaus. Er war die Apotheke vor der Haustüre, auf die wir uns heute zurückbesinnen: Ein Schwitztee aus Holunderblüten lindert fieberhafte Erkältungen und hilft bei Reizhusten sowie Halsentzündungen. Die vitamin- und mineralstoffreichen Früchte sollten nicht roh verzehrt werden. Ein Saft aus den erhitzten Früchten wird jedoch bei Erkältungskrankheiten empfohlen. Er wirkt außerdem leicht abführend. Es muss aber nicht nur Medizin sein: Lecker schmecken „Holderküchlein" aus in Pfannkuchenteig getauchten Blütenständen. Sicher kennst du auch den „Hugo", einen Cocktail, der eine steile Karriere hingelegt hat. Er vereinigt Holunderblütensirup, Minze, Sekt oder Prosecco, Limette und Mineralwasser zu einem spritzigen und erfrischenden Longdrink.

MERKMALE Das Gehölz wächst in Feldhecken und auf Waldschlägen rasch zu einem großen Strauch oder einem kleinen, sparrigen Baum heran. Die bis 30 cm langen Blätter setzen sich meist aus fünf, seltener aus sieben oder neun Blättchen zusammen. Bei den duftenden, 5–7 mm großen Blüten fallen Krone und Staubblätter zusammen ab. Trotz der Blütenfülle ist der Insektenbesuch nur spärlich. Aber auch ohne Bestäuber bilden sich saftige Früchte mit je mehreren Kernen, die ab August reifen und Vögel anlocken.

ECHTE QUITTE

Cydonia oblonga – Rosengewächse

HERKUNFT: Kaukasus **BLÄTTER**: sommergrün, 5–15 cm lang **HÖHE BEI UNS**: 5–8 m **BLÜTEZEIT**: Mai–Juni **FRÜCHTE**: bis 15 cm lange Apfelfrüchte **TYPISCH**: Früchte apfel- oder birnenähnlich, filzig behaart, angenehm duftend

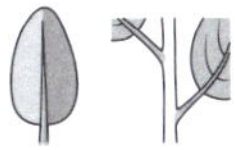

HONIGAPFEL Quitten gehören zu den ältesten kultivierten Obstarten. Sie standen schon vor 4000 Jahren in babylonischen Gärten. Die Griechen kannten sie ab etwa 650 v. Chr. Die Römer lernten sie wohl in der altkretischen Stadt Kydonia kennen und brachten sie als „Apfel aus Kydonia" in ihre Provinzen – auch zu uns. Ihr wissenschaftlicher Name *Cydonia* zeugt noch heute von der Herkunft. Die harten Früchte schmecken herb. Gekocht oder als Saft entpuppen sie sich als schmackhafte Aromabomben. Bereits die Griechen verarbeiteten sie mit Honig zu Quittenmus. Dieses bezeichneten sie als „Melimelon", was Honigapfel heißt. Hieraus entstand der portugiesische Name „Marmelo" für Quitte, aus dem dann später der Begriff Marmelade wurde.

GOLDENE ÄPFEL In der griechischen Mythologie wuchs im Garten der Hesperiden ein Baum mit goldenen Äpfeln. Eine der zwölf Aufgaben des Helden Herkules war es, drei davon zu pflücken. Dazu vollbrachte er eine „Herkulesleistung": Er übernahm eine Zeit lang von dem Titanen Atlas die Aufgabe, das Himmelsgewölbe zu tragen. Dafür pflückte Atlas die Früchte für ihn: goldgelbe Quitten. Sie wurden zum Symbol der Liebesgöttin Aphrodite sowie für Fruchtbarkeit. Eine griechische Braut sollte deshalb vor der Hochzeitsnacht eine Quitte essen. Noch heute sind Quitten neben Honig und Sesam ein absolutes Muss auf einer griechischen Hochzeitstorte.

MERKMALE Die Blätter der oft krummstämmigen Bäume sind anfangs flockig behaart. Die 4–5 cm breiten, weißen oder rosa Blüten stehen an den Zweigenden (Klappe hinten). Wenn die Früchte reif sind, löst sich ihr flaumiger Filz und lässt sich abwischen.

KIRSCHPFLAUME

Prunus cerasifera – Rosengewächse

HERKUNFT: Balkan, Klein- bis Mittelasien **BLÄTTER**: sommergrün, 4–6 cm lang **HÖHE BEI UNS**: 5–8 m **BLÜTEZEIT**: März–Mai, vor oder mit den Blättern **FRÜCHTE**: bis 3 cm große Steinfrüchte **TYPISCH**: kugelige gelbe, rote oder violette Früchte, deren Stein sich nicht vom Fruchtfleisch löst

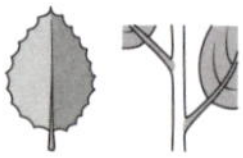

AROMATISCHE FRÜCHTE In Vorderasien, besonders in der Türkei und im Iran, erntet man die „Türkischen Pflaumen" oder „Türkenkirschen" meist halbreif und isst sie mit Salz. Auch die alten Römer kannten die Früchte als Wildobst und brachten das Gehölz bis Mitteleuropa. Bei uns ist die Kirschpflaume oder „Myrobalane" den Obstbauern als anspruchslose, Trockenheit ertragende Veredelungsunterlage (S. 19) für Pflaumen (S. 114) bekannt. Sie bauen sie jedoch kaum als Obst an. Wenn du trotzdem auf einer Obstwiese oder in einem Feldgehölz eine Kirschpflaume findest, handelt es sich um Wildlinge solcher Unterlagen. Entweder hat die Unterlage aus ihren Wurzeln oder an der Basis ihres Stammes eigene Triebe gebildet, oder die Pflanze hat sich aus einem Samen entwickelt. Manche Leute meinen, die ab Juli reifenden Früchte wären nicht essbar – jedenfalls interessiert sich kaum jemand dafür. Roh schmecken sie tatsächlich oft sauer und es ist wirklich mühsam, das saftige Fruchtfleisch vom Stein zu lösen. Seit ich jedoch das erste Mal

eine Marmelade daraus gekocht habe, bin ich begeistert: Ich koche die ganzen Früchte mit wenig Wasser und passiere sie dann durch ein Sieb. So lassen sich die Steine prima abtrennen und die säuerliche Fruchtschale, die sich in der Marmelade verteilt, verleiht ihr eine ganz besondere Note. Wenn du Marmelade aus unterschiedlich gefärbten Kirschpflaumen separat kochst und dann in Lagen übereinanderschichtest, kannst du sogar mit gestreifter Marmelade punkten. Auch Kompott oder Saft – am einfachsten mit dem Dampfentsafter gemacht – schmeckt sehr gut.

BLUT IM BLATT? Um 1880 gelangte eine Kirschpflaume aus Persien nach Frankreich, die durch purpurrotes Laub und hellrosa Blüten auffiel. 1916 wurde eine weitere Sorte mit schwarzrotem Laub und rosa Blütenpracht aus den USA eingeführt. Heute gehören solche Blut-Pflaumen (Bild rechts unten) zu den häufig in Gärten gepflanzten Zierbäumen. Wie bei der Blut-Buche (S. 81) erhalten ihre Blätter den roten Farbton durch Farbstoffe aus der Gruppe der Anthocyane – mit Blut haben sie nur die Farbe gemein. Für Marmelade, Saft oder Kompott kannst du Früchte von Blut-Pflaumen genauso gut verwenden wie die von verwilderten Bäumen.

MERKMALE Die Kirschpflaume bildet einen oft vom Boden an mehrstämmigen Baum mit dichter, sparriger Krone oder einen hohen Strauch. Bei Blut-Pflaumen sind die Blätter im Austrieb rot, später dunkel purpurrot, bei Wildformen sind sie grün. Die 1–2,5 cm breiten Blüten stehen meist einzeln auf bis 1 cm langen Stielen. Sie sind weiß, bei Blut-Pflaumen zumindest anfangs rosa.

ÄHNLICHE ARTEN Pflaumen (S. 114) blühen später, erst mit dem Laubaustrieb. Die zu den Pflaumen gehörende Mirabelle hat ähnlich große, gelbe, oft rot gesprenkelte Früchte, bei denen sich das Fruchtfleisch leicht vom Stein löst. An Waldrändern und in Feldgehölzen blühen im Frühjahr auch **Schlehen** (*Prunus spinosa*, Bild Mitte) mit meist nur wenig kleineren, weißen Blüten. Dies sind jedoch sehr dornige Sträucher, die ihre Blüten bis zu einen Monat später als die Kirschpflaumen öffnen. Ihre blauschwarzen Früchte sind nur bis 1,5 cm dick und schmecken sehr herb. Bei **Zierkirschen** (S. 58) können zwar die Blüten jenen von Blut-Pflaumen ähneln, sie haben aber grüne Blätter.

PFIRSICH

Prunus persica – Rosengewächse

HERKUNFT: China **BLÄTTER:** sommergrün, 8–15 cm lang **HÖHE BEI UNS:** 1–8 m **BLÜTEZEIT:** März–April **FRÜCHTE:** 4–10 cm große Steinfrüchte **TYPISCH:** samtig behaarte Frucht mit saftigem Fruchtfleisch und gefurchtem Steinkern

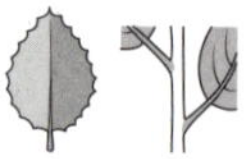

IRREFÜHRENDER NAME Chinesen kultivierten den Pfirsich schon vor über 4000 Jahren und kannten bereits damals verschiedene Sorten. Von China gelangte das Gehölz vor über 2000 Jahren westwärts über Vorderasien nach Persien. Die Römer brachten es nach Italien bis Südfrankreich und über die Alpen zu uns. Ihnen war damals wohl nicht bewusst, dass der Pfirsich gar nicht aus Persien stammt, sondern eine weitere Reise hinter sich hatte. Sonst hätten sie ihn wohl kaum „malum persicum" genannt, was so viel heißt wie „Persischer Apfel".

WEINBERGPFIRSICH Das wärmeliebende Obstgehölz trägt die meisten Früchte, wenn es in den klimatisch günstigen Weinbaugebieten wächst. Seine Blüten öffnen sich bereits so früh im Jahr, dass sie in kühleren Gegenden häufig erfrieren. Wenn du nicht in einer warmen Region wohnst und einen Pfirsichbaum möchtest, solltest du ihn zumindest an einen geschützten Ort, zum Beispiel an einer warmen Hausecke, pflanzen. In den Weinbauregionen Europas ist der Anbau von Pfirsichen schon lange üblich. Mindestens seit dem 16. Jahrhundert standen sie auch bei uns in

den Rebbergen. Während der Arbeit dort dienten sie den Rebleuten als Zwischenmahlzeit. Außerdem konnten sie aus ihnen haltbare und schmackhafte Produkte für den Winter herstellen. Die Winzer vermehrten die Pfirsiche ursprünglich über Samen. So erhielten sie Sorten, die mit den örtlichen Bedingungen sehr gut zurechtkamen.
In der Landwirtschaft des 20. Jahrhunderts verschwanden diese Pfirsichbäume jedoch fast überall aus den Rebbergen. Sie fielen Rebflurbereinigungen zum Opfer und hatten auf Flächen mit intensiv betriebenem Rebenanbau keinen Platz mehr. Doch die Sicht auf die Weinberge hat sich mittlerweile in vielen Regionen wieder gewandelt. Anstelle von Monokulturen mit Weinreben fördern Winzer, Naturschützer und Tourismusorganisationen heute wieder eine ökologische Vielfalt. Zu dieser gehört auch der Weinbergpfirsich. Er steht anders als die Tafelpfirsichbäume nicht in Reih und Glied in Monokulturen, sondern meist als Einzelbaum oder in kleinen Gruppen mitten in den Rebbergen. So gibt es zum Beispiel an der Mosel seit einigen Jahren den Verein „Roter Mosel-Weinbergpfirsich e.V.", der sich für dieses Gehölz stark macht. Produkte aus dem Pfirsich werden dort mit einem speziellen Qualitätssiegel vermarktet.

GESCHMACKSERLEBNIS Wenn du die Möglichkeit hast, solltest du unbedingt einmal einen Likör, eine Marmelade oder ein anderes Produkt aus Weinbergpfirsich probieren. Der Geschmack ist sehr aromatisch und intensiv. In den Weinbauregionen kannst du ab und zu solche Pfirsiche auch frisch auf einem lokalen Markt kaufen. Das ist eine ganz andere Welt als eine Frucht aus dem Supermarkt! Deren Tafelpfirsiche stammen von anderen Sorten und werden hauptsächlich aus Mittelmeerländern importiert. Doch auch in den warmen Regionen Deutschlands, besonders in Baden-Württemberg und Rheinland-Pfalz gibt es Obstbauern, die Pfirsiche für unsere Märkte liefern. Zudem versteckt sich auf mancher Streuobstwiese ein Pfirsichbaum zwischen Äpfeln und Birnen. Solche heimischen Früchte haben den Vorteil, dass sie meist erst vollreif geerntet werden. Nur so schmecken sie gut, denn zu früh geerntete Früchte reifen nicht nach.

MERKMALE Die Blätter sind lanzettlich und auf beiden Seiten kahl. Die Blüten sind tiefrosa gefärbt und stehen meist einzeln (Bild linke Seite).

ÄHNLICHE ART Bei der **Aprikose** (*Prunus armeniaca*) sind die Blüten weiß bis hellrosa mit rötlichen Kelchblättern (Bild ganz unten). Sie öffnen sich noch früher als die des Pfirsichs. Das eher rundliche Blatt hat einen langen, dunkelroten Stiel. Der Steinkern der orange gefärbten Frucht (Bild unten) ist bis auf eine Längsfurche glatt.

MANDELBAUM

Prunus dulcis – Rosengewächse

HERKUNFT: Mittel- und Vorderasien **BLÄTTER**: sommergrün, 8–12 cm lang **HÖHE BEI UNS**: 3–10 m **BLÜTEZEIT**: März–April, vor dem Laubaustrieb **FRÜCHTE**: 3–6 cm lange Steinfrüchte **TYPISCH**: weich behaarte Frucht mit trockenem, ledrigem Fruchtfleisch und löchrigem Steinkern

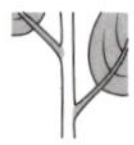

FRÜHLINGSFREUDE Wenn die Medien Nachrichten über Bäume bringen, überwiegen oft negative Schlagzeilen – von Baumschäden durch Klimawandel bis zu Baumkrankheiten oder sich massenhaft vermehrenden Schädlingen. Mir tut es dann richtig gut, wenn Bilder von der berühmten Mandelblüte an der hessischen Bergstraße gezeigt werden. Die Region zeichnet sich durch den frühesten Frühlingsbeginn in Deutschland aus. Das zarte Rosa der Blüten vor einem strahlend blauen Himmel ist wahrlich ein Frühlingszeichen! Von der Vorderpfalz zur Südpfalz kannst du auch auf einem etwa 100 km langen Mandelpfad wandern und Mandelbäume sowie andere wärmeliebende Pflanzen bewundern. Der Mandelbaum braucht mehr Wärme als Pfirsich und Aprikose, sodass er bei uns nur in den milden Lagen der Weinbauregionen gedeiht. Auf Streuobstwiesen wirst du ihn kaum entdecken.

MANDELN Während du bei Pfirsich und Aprikose das Fruchtfleisch isst, genießt du bei der Mandel den Samen, der im Kern eingeschlossen ist. Süße Mandeln kannst du verbacken oder naschen. Aus ihnen wird auch Marzipan hergestellt. Bittere Mandeln dagegen setzen im Magen Blausäure frei. Schon ein paar davon können tödlich sein.

MERKMALE Die glänzenden Blätter sind lanzettlich geformt. Die Blüten stehen meist zu zweit.

ECHTE MISPEL

Mespilus germanica – Rosengewächse

HERKUNFT: Kaukasus, Nordiran **BLÄTTER**: sommergrün, bis 15 cm lang **HÖHE BEI UNS**: 3–6 m **BLÜTEZEIT**: Mai–Juni **FRÜCHTE**: etwa 4 cm breite Apfelfrüchte **TYPISCH**: Kelchblätter länger als die Blütenblätter, bleiben an der Frucht

KEIN ECHTER GERMANE In Vorderasien ist dieses Obstgehölz schon seit fast 3000 Jahren in Kultur. Wahrscheinlich brachten es die Römer nach Deutschland. Im Mittelalter gehörte die Mispel zu den Obstbäumen, die Karl der Große in allen kaiserlichen Gütern pflanzen ließ. Heimisch ist sie bei uns nicht, auch wenn der wissenschaftliche Name *germanica* dies vermuten lässt. In den wärmsten Regionen Deutschlands, etwa an der Mosel, im Raum Heidelberg und im Breisgau konnte sie sich einbürgern. Heute wird sie kaum mehr als Obstgehölz angebaut, doch ist sie auch ein schöner Zierbaum für sonnige Lagen. Die Früchte schmecken anfangs sehr herb, denn sie enthalten reichlich Gerbstoffe. Nach Frost oder bei Lagerung bauen sich die Gerbstoffe ab und der Zuckergehalt steigt. Die nun teigartig weichen Früchte riechen mostartig und schmecken gut als Kompott oder Gelee.

MERKMALE Das Gehölz wächst meist breiter als hoch. Die länglichen Blätter sind oberseits dunkelgrün, unterseits fein filzig behaart. Die weißen Blüten öffnen sich einzeln an beblätterten Trieben.

ÄHNLICHE ART Im Frühjahr kannst du in türkischen Läden Früchte kaufen, die oft ebenfalls als Mispeln bezeichnet werden. Es handelt sich dabei um die pflaumengroßen, gelben Früchte der **Japanischen Wollmispel** oder **Nespoli** (*Eriobotrya japonica*, Bild unten).

WALD

GEWÖHNLICHE FICHTE

Picea abies – Kieferngewächse

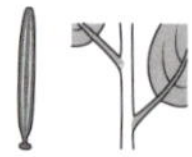

HERKUNFT: heimisch **BLÄTTER**: immergrün, bis 2,5 cm lang **HÖHE**: 30–60 m **BLÜTEZEIT**: Mai–Juni **FRÜCHTE**: bis 18 cm lange Zapfen **TYPISCH**: Zweig nach dem Nadelfall raspelartig rau; Zapfen hängend, fallen als Ganzes ab

ALLGEGENWÄRTIG Während diese Fichte in Nordeuropa Wälder in den Ebenen bildet, ist sie in Mitteleuropa nur im Hochgebirge und in den höheren Mittelgebirgen heimisch. Sie liebt ein kühles Klima und feuchte Böden. Im Flachland würde es bei uns ohne den Menschen keine Fichten geben. Hier haben Förster sie ab dem 18. Jahrhundert als rasch wachsenden Forstbaum in Massen angepflanzt – und das nicht in Mischung mit anderen Bäumen, sondern vor allem in Monokulturen mit gleich alten Bäumen. Mit einem Anteil von rund 25 Prozent ist die Fichte heute die häufigste Baumart in Deutschland – sie ist der „Brotbaum der deutschen Forstwirtschaft". Schon nach 70–100 Jahren kann ihr Holz geerntet werden. Es ist als Bauholz sehr begehrt und wird als Brennmaterial verwendet.

WIE LANGE NOCH? Fichten bilden auf vielen Böden nur einen flachen Wurzelteller, der Stürmen keinen Widerstand bietet. So haben die verheerenden Stürme der letzten Jahrzehnte wie „Lothar", „Wiebke" und „Vivian" im Schwarzwald, im Bayerischen Wald und in vielen anderen Regionen reinen Tisch gemacht und die Bäume wie Dominosteine umfallen lassen. Dazu kommt, dass die Fichte besonders unter der Klimaerwärmung leidet. Sie gilt als der Waldbaum, der sich am schlechtesten an die Veränderungen anpassen kann. Geschwächte Fichten werden zunehmend anfälliger gegen Krankheiten, Pilze und Schadinsekten. Borkenkäfer haben bei solchen Bäumen ein leichtes Spiel und bringen sie oft reihenweise zum Absterben. Den Förstern wird mit solchen Naturereignissen sozusagen das Messer auf die Brust gesetzt: Sie müssen umdenken. Dies bedeutet „weg von der Monokultur" und solche Bäume pflanzen, die an den Standort passen.

MÄRCHENWALD Wenn du in einen Fichtenforst hineinsiehst – siehst du wenig. Er ist dunkel, der Boden ist von Nadeln bedeckt. Ein idealer Handlungsort für gruselige und unheimliche Märchen wie „Hänsel und Gretel" oder „Rotkäppchen". Die Märchenfiguren wirst du wohl nicht antreffen, aber vielleicht Fliegenpilze mit ihren roten Hüten. Für grüne Gewächse reicht das Licht kaum aus, um genügend Fotosynthese zu betreiben. Ein paar wenige Pflanzen wie der Fichtenspargel kommen jedoch gerade hier vor. Dieser Vollschmarotzer hat kein Blattgrün für die Fotosynthese. Stattdessen bezieht er seine Kohlenhydrate aus Pilzfäden, die wiederum mit den Fichten verbandelt sind und mit diesen eine Mykorrhiza bilden (S. 158) – ein geheimnisvolles und kompliziertes Netz im Wald!

BAUM DER FESTE Schon die Germanen verehrten die Fichte. Sie war für sie Schutz-, Lebens- und Mutterbaum und sorgte für einen geradlinigen Lebensweg sowie Lebensenergie. Auch in unseren heutigen Bräuchen spielt der Baum eine Rolle – nicht nur zu Weihnachten. Fichtengrün als Festschmuck bei Hochzeiten oder anderen Festtagen ist ein Zeichen für eine lange Lebensgemeinschaft. Sobald der Dachstuhl eines Hauses fertiggestellt ist, befestigen die Zimmerleute eine geschmückte Fichte oder Birke am First. Beim Richtfest symbolisiert dies die Verbindung des Gebäudes mit dem Himmel und soll dem Haus und seinen neuen Bewohnern Glück und Segen bringen. Auch bei Maibäumen, die festlich am 1. Mai aufgestellt werden, handelt es sich um eine Fichte oder Birke.

MERKMALE Der Baum bildet eine kegelförmige Krone mit meist waagerecht oder bogig ansteigenden Ästen und oft hängenden Zweigen. Der Stamm ist gerade und rotbraun. Deshalb wird der Baum irreführend auch „Rottanne" genannt. Die steifen, spitzen Nadeln sitzen auf braunen Stielchen. Männliche Blüten und weibliche Blütenzapfen entwickeln sich getrennt an den Zweigen. Die Schuppen der Fruchtzapfen trocknen erst im folgenden Frühjahr aus und spreizen auseinander, sodass die Samen herausfallen und vom Wind verblasen werden.

ÄHNLICHE ARTEN Tannen (S. 62, 144) kannst du ganz einfach von Fichten unterscheiden: Ihre Zweige sind glatt, ihre Zapfen stehen aufrecht und zerfallen am Baum.

ROT-BUCHE

Fagus sylvatica – Buchengewächse

HERKUNFT: heimisch **BLÄTTER**: sommergrün, 5–10 cm lang **HÖHE**: 25–40 m
BLÜTEZEIT: April–Mai, mit dem Blattaustrieb **FRÜCHTE**: etwa 1,5 cm lange Nüsse
TYPISCH: dreikantige Früchte sitzen in einem stacheligen, vierklappigen Becher

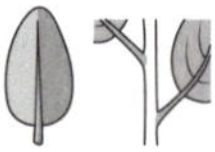

BUCH UND BUCHSTABE Ohne Buche wäre dieses Buch kein Buch! Papier oder papierähnliche Stoffe gäbe es zwar – schon im alten Ägypten schrieben die Menschen auf Papyrus, den sie aus den geklopften Fasern einer Schilfpflanze herstellten. Aber das Wort Buch ist eng mit der Buche verknüpft: Im 6. Jahrhundert fertigten die Menschen aus Buchenbrettchen Schreibtafeln und banden sie zusammen. Allerdings hatten diese ersten Bücher damit recht sperrige Seiten und waren wohl ziemlich unhandlich. Die Bezeichnung Buchstabe ist noch älter: Sie geht auf Buchenstäbe zurück, in welche die alten Germanen Runen ritzten.

KLIMAOPFER? Bei uns ist die Rot-Buche der wichtigste Laubbaum der Wälder. Sie kann über 300 Jahre alt werden. Im geschlossenen Wald strebt sie mit geradem Stamm aufwärts und verliert bald die unteren Äste. Ein solcher Buchenwald kann dann wie eine Kathedrale wirken. Im Frühjahr fällt noch viel Licht auf den Waldboden, sodass sich dort blühende Blumen wie Buschwindröschen, Bärlauch und Schlüsselblumen entwickeln können. Steht eine Rot-Buche auf einer freien Fläche, bildet sie eine ausladende, kuppelartige Krone. Im Schatten unter einer solchen „Weidebuche" ruht sich Vieh gerne aus. Wie lange die Rot-Buche noch unsere Wälder beherrscht, ist unklar. Dieser allgegenwärtige Baum leidet stark unter dem Klimawandel. Vielleicht sind dir schon Buchen mit aufgeplatzter Rinde oder trockenem Wipfel aufgefallen – Zeichen, dass es ihnen nicht gut geht. Schon heute wachsen die Bäume wesentlich langsamer als Mitte des 20. Jahrhunderts. Forscher werten dies als Vorzeichen für eine erhöhte Sterblichkeit der Bäume und gehen davon aus, dass das Wachstum der Buche bis gegen Ende dieses Jahrhunderts nochmals um 50 Prozent sinken wird.

SPEISEKAMMERN In manchen Jahren können in Buchenwäldern über 1000 Bucheckern pro Quadratmeter zu Boden fallen. Die ölreichen Früchte sind ein wahres Festessen für Liebhaber von Sämereien! Eichhörnchen sammeln sie auf Vorrat, andere fressen sie lieber gleich auf. Gut genährt können sich Mäuse

wie Waldmaus und Rötelmaus stark vermehren. Im Winter ziehen Bergfinken aus den Wäldern Skandinaviens und Nordosteuropas nach Mittel- und Südeuropa. In dieser Jahreszeit sind Bucheckern ihre wichtigste Nahrung. Alle paar Jahre finden in Süddeutschland und der Schweiz Masseneinflüge dieser Finkenvögel statt. Dann können sich abends mehrere Millionen Vögel in einem Wald sammeln und eine Schlafgemeinschaft bilden. Wenn du die Möglichkeit hast, solltest du das unbedingt einmal miterleben. Es ist ein tolles Spektakel, wenn die Vogelmassen knapp über deinem Kopf ihre Ruheplätze ansteuern. Tags verteilen sie sich auf die Buchenwälder – teils im Umkreis von über 20 km um ihren Schlafplatz. Vogelkundler schätzen, dass jeder Bergfink pro Tag etwa 80 Bucheckern vertilgt. Große Schwärme brauchen also ganze Wälder, um satt zu werden. Auch viele andere Vögel wie Tauben, Buntspechte und Meisen fressen von den Früchten.

MERKMALE Die Stämme zeigen eine ziemlich glatte, silbergraue Rinde. Die Blätter sind eiförmig und haben einen glatten, anfangs bewimperten Rand. Oberseits glänzen sie dunkelgrün. Die männlichen Blüten bilden Büschel (Bild oben), die unscheinbaren weiblichen sitzen in einem Becher. Dieser verholzt zum Fruchtbecher, der reif je zwei braune, glänzende Früchte freigibt – die Bucheckern. In Gärten und Parks gedeihen verschiedene Sorten, unter anderem Hängeformen oder solche mit säulenförmigem Wuchs. Auch die Blut-Buche (S. 81) ist eine Sorte der Rot-Buche.

ÄHNLICHE ART Bei der **Hainbuche** (S. 30) sind die Blätter am Rand gezähnt.

WALD-KIEFER

Pinus sylvestris – Kieferngewächse

HERKUNFT: heimisch **BLÄTTER**: immergrün, 3–7 cm lang **HÖHE**: 15–40 m **BLÜTEZEIT**: April–Juni **FRÜCHTE**: bis 8 cm lange Zapfen **TYPISCH**: Stamm unten grauschwarz, oben fuchsrot; Nadeln zu zweit in Bündeln

HOLZLIEFERANT Falls du preisgünstige Möbel der bekanntesten schwedischen Möbelmarke hast, bestehen sie wahrscheinlich aus dem Holz dieser Kiefern. Es ist das am meisten verwendete Nutzholz in Europa. Auch für Türen, Fensterrahmen, Treppen, Fassaden, Dachbalken, Spanplatten und ganze Holzhäuser wird es eingesetzt, ebenso für Papier, Kinderspielzeug und als Brennholz. Bei so vielfältigen Nutzungsmöglichkeiten ist es kein Wunder, dass diese Kiefer häufig in großen Forsten angepflanzt wird. Sehr ausgedehnte Monokulturen mit Wald-Kiefern kannst du im Osten Deutschlands finden. Naturschützer nennen diese Forste auch „Holzäcker“ und meinen dies abwertend. In ihnen steht eindeutig die Holzgewinnung im Vordergrund, die Artenvielfalt bleibt auf der Strecke. Die Bäume werden nach 80–120 Jahren gefällt. Sie sind dann meist 20–30 m hoch.

BRANDGEFAHR Bei länger anhaltenden Schönwetterperioden warnt der Wetterdienst häufig vor Waldbränden. In Kiefernwäldern und -forsten können sie besonders leicht ausbrechen. Dort liegt auf dem Boden oft eine dichte Schicht aus trockenen Nadeln und Ästen. Dazu kommt, dass Kiefernholz reichlich Harz enthält. Dieses riecht nicht nur sehr angenehm, sondern ist extrem leicht entflammbar. Trotzdem ist ein rasch fortschreitender Bodenbrand für einen Wald mit ausgewachsenen Kiefern kein Weltuntergang. Der Baum wirft während des Wachstums die unteren Äste ab, sodass das Feuer die Krone nicht erreichen kann. Die schwarzbraune Rinde ist bis 5 cm dick und harzfrei. So wird der Stamm höchstens außen etwas angesengt. Gleichzeitig düngt die Asche der Brände den oft nährstoffarmen Boden und kommt damit dem Baum wieder zugute. Früher gab es nur

sporadische Brände in Kiefernwäldern. Im Zuge des Klimawandels nehmen Waldbrände jedoch zu und wüten immer heftiger. Gegen diese helfen dann die Strategien der Kiefern nicht mehr. Die verheerenden Waldbrände, die in den letzten Jahren zum Beispiel in den Nadelwäldern Sibiriens tobten, zeigen dies recht deutlich.

ES WERDE LICHT Die Wald-Kiefer trägt auch den Namen Kienföhre. Ein Kienspan ist ein gespaltenes Stück eines harzreichen Holzes, meist Kiefernholz. Schon in der Steinzeit lieferten brennende Kienspäne den Menschen Licht – jeder Span für rund 20 Minuten, dann mussten sie den nächsten anzünden. Das war also nicht besonders komfortabel. Deshalb tauchte man die Späne vor der Verwendung oft noch zusätzlich in Harz oder Pech. So brannten sie immerhin bis zu zwei Stunden. Solche Lichtquellen aus Kienspänen waren bis ins 19. Jahrhundert weit verbreitet, da auch arme Leute sie sich leisten konnten.

MERKMALE Die Wald-Kiefer bildet auf Sand- oder Moorböden lichte Wälder, auf fruchtbaren Böden steht sie in Mischwäldern und Forsten. Sie zeigt je nach Herkunft und Standort unterschiedliche Wuchsformen – mal strebt sie schlank aufwärts, mal verzweigt sie sich knorrig und entwickelt eine breite Krone. Die männlichen Blüten bilden gelbe Kätzchen an der Basis der neuen Triebe. Die weiblichen Blütenstände sitzen am Ende dieser Triebe und sind rot. Die Zapfen reifen erst im November des zweiten Jahres. Sie öffnen sich an trockenen, warmen Tagen des folgenden Frühjahrs – du hörst dann oft ein deutliches Knacksen in den Bäumen. Sie entlassen geflügelte Samen, die der Wind davonbläst. Bei feuchtem Wetter schließen sich die Zapfen wieder. Leer fallen sie als Ganzes ab. Die mit reichlich fetten Ölen ausgestatteten Samen locken Eichhörnchen und Spechte an, die mehr Samen vernaschen als verbreiten.

ÄHNLICHE ART Die **Schwarz-Kiefer** (*Pinus nigra*) hat bis über 10 cm lange Nadeln. Ihr Stamm ist bis in die Spitze hinauf gleich gefärbt. Diese Kiefer steht häufig als Baum mit kegel- bis eiförmiger Krone in Gärten und Parks. Auch in Forsten kannst du sie ab und zu finden. Ihre Heimat liegt in Südeuropa, Nordafrika und Kleinasien.

GRAFFITI

Die Zeichensprache der Förster

ARBEITSANWEISUNGEN Förster markieren mit farbigen Punkten, Strichen, Ringen, Kreuzen oder Buchstaben einzelne Bäume oder Baumgruppen im bewirtschafteten Wald, damit Waldarbeiter wissen, was sie zu tun – oder zu lassen – haben. Einige der Codes kannst auch du sicher entziffern:

HÄNDE WEG! Manche Bäume sind besonders wertvoll für den Naturschutz: Es sind **Biotop- oder Habitatbäume**. Du erkennst sie zum Beispiel an einer um den Stamm laufenden Wellenlinie (Bild unten links) oder an einer entsprechenden Plakette. So gekennzeichnete Exemplare dürfen nicht gefällt werden. Der Waldbesitzer muss diese Bäume sich selbst überlassen. Sie altern damit auf natürliche Weise. Biotopbäume können sehr alte oder unförmige, von Baumkrebs befallene Exemplare sein oder solche mit vielen toten Ästen. Oft hat ein Specht bereits eine Nisthöhle in den Stamm geschlagen, ein Greifvogel hat in der Krone seinen Horst oder ein Eichhörnchen seinen Kogel angelegt. Biotopbäume bieten nicht nur Vögeln und Säugern, sondern auch Insekten, Spinnen und anderen Kleintieren sowie Pilzen, Flechten und Pflanzen eine Vielzahl von Lebensräumen. Manchmal sind mehrere Bäume zu einer geschützten Habitatbaumgruppe zusammengefasst.
Für den Waldbesitzer besonders wertvoll sind Bäume, die hoch und gerade gewachsen sind. Sie können in Zukunft hochwertiges Holz liefern. Damit sie auch wirklich ihr erntereifes Alter erreichen und nicht zu früh gefällt werden, markiert der Förster diese Exemplare als **Zukunftsbaum**. Er verwendet hierzu oft einen gerade um den ganzen Stamm laufenden Farbring oder auf mindestens zwei Seiten des Baumstammes aufgemalte Punkte (Bild unten Mitte) oder die Zeichen „x", „z" oder „+" (Bild unten rechts). Ein solcher Zukunftsbaum nützt übrigens nicht nur dem Waldbesitzer. Er leistet mit seiner Größe und dem guten Wachstum einen wertvollen Beitrag zum Klimaschutz. Denn je größer ein Baum ist, desto mehr Kohlenstoff entzieht er der Atmosphäre. So haben Wissenschaftler errechnet, dass man bis zu 5400 junge Buchen pflanzen müsste, um die Kronenwirkungen einer hundertjährigen Buche zu ersetzen, die unter optimalen Bedingungen gedeiht!

SÄGE HER! Regelmäßig kannst du im Winter die Waldarbeiter bei ihrer Arbeit hören. Umstürzende tonnenschwere Bäume und abfallende Äste, aber auch die scharfen Werkzeuge sind eine tödliche Gefahr. Deshalb sind Bereiche mit Baumfällarbeiten weiträumig abgesperrt. Manche Bäume müssen gefällt werden, weil sie auf einen Weg oder eine Straße fallen könnten, andere weil sie von Schädlingen wie etwa dem Borkenkäfer befallen sind. Doch der Hauptgrund für den Wirtschaftswald ist ja die Holznutzung. Deshalb werden viele Bäume gefällt, um den Rohstoff Holz zu ernten. Dünnere Bäume eignen sich für Papier, Spanplatten oder Brennholz. Das

Holz dickerer, gerade gewachsener Bäume ist für Holzbauten und Massivholzmöbel begehrt. Bäume, an welche die Waldarbeiter Hand anlegen sollen, tragen als Markierung häufig einen schrägen Farbstrich (Bild oben links). Sollen viele Bäume eines Waldstückes gefällt werden, siehst du manchmal auch nur einen einzelnen Punkt auf dem Stamm. Das ging für den Förster einfach schneller und er verbraucht dabei weniger Farbe.
Noch eine weitere Markierung wirst du häufig sehen: die sogenannte **Rückegasse**. Bäume mit zwei parallelen horizontalen Strichen (Bild oben rechts), manchmal ergänzt mit einem „R", stehen auf beiden Seiten des Bereiches, in den die Waldarbeiter mit den Forstmaschinen zwischen die Bäume fahren können. Die schweren Maschinen möchte der Förster nicht überall auf der Fläche haben, denn sie verdichten den Waldboden und stören die Natur.

WEITERE ZEICHEN Neben diesen allgemein verwendeten Symbolen, die in verschiedenen Farben auftreten, kennzeichnen Förster auch Grundstücksgrenzen – oft mit Pfeilen, Kürzeln oder Rauten. Ein Pfeil kann aber auch ein Hinweis für Jäger auf einen Hochsitz sein. Es gibt noch viele, meist lokale Varianten, wie Waldpflegemaßnahmen und dann auch die gefällten Stämme codiert sind. Findest du ein dir unbekanntes Zeichen, das dich interessiert, kannst du beim Förster nachfragen. Er kann dir sicher beim Entschlüsseln helfen.

STIEL-EICHE

Quercus robur – Buchengewächse

HERKUNFT: heimisch **BLÄTTER**: sommergrün, 7–15 cm lang **HÖHE**: 20–35 m
BLÜTEZEIT: April–Mai, mit dem Laubaustrieb **FRÜCHTE**: bis 3,5 cm lange Nüsse
TYPISCH: Blatt kurz gestielt; Früchte in Bechern, je 1–5 auf einem langen Stiel

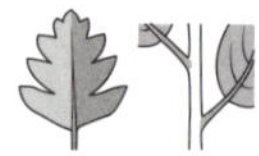

KRAFT UND SIEG Kaum ein Baum ist so symbolträchtig wie die Eiche – alleine mit den Mythologien und Brauchtümern, die um sie ranken, ließe sich ein ganzes Buch füllen. Eine Stiel-Eiche kann bis zu 1000 Jahre alt werden. Sie lebt damit viele Menschengenerationen und gilt als Symbol für die Ewigkeit. Eichenlaub bekränzte im Altertum ähnlich wie der Lorbeerkranz einen Sieger oder einen Mann, der sich besondere Verdienste erworben hatte. Ab dem 18. Jahrhundert wurde die Eiche in Deutschland zum typischen Wappenbaum. In diesem Sinne verkörpert sie Freiheit, Stolz, Kraft und Stärke. Diesen klassischen deutschen Baum findest du heute zum Beispiel auf sämtlichen in Deutschland geprägten Cent-Münzen. Militärisch steht die Eiche als Symbol für Tapferkeit, Kampf und Sieg. Offiziere und Generäle der Bundeswehr tragen deshalb Eichenlaub im Abzeichen ihres Dienstgrades. Auch das Barett-Abzeichen an der Kopfbedeckung der Soldaten ist von Eichenlaub umrandet.

EICHEN SOLLST DU WEICHEN? Wo Eichen wuchsen, wurden sie schon früher verehrt. Die antiken Völker ordneten den Baum besonders wichtigen Göttern zu, die für Wetter und Gewitter standen. Bei den Kelten war dies Taranis, in der nordischen Mythologie Thor oder Donar. Bei den alten Griechen war

es der Göttervater Zeus, den die Römer später Jupiter nannten. Wahrscheinlich beobachteten die Menschen, dass Blitze relativ häufig in Eichen einschlugen. Aber stimmt der alte Spruch „Buchen sollst du suchen, Eichen sollst du weichen" tatsächlich? Nein! Ich kann dir nur raten, bei einem Gewitter alle hohen Bäume zu meiden, ganz besonders solche, die einzeln und frei stehen.
Der Spruch geht wohl darauf zurück, dass oft große Exemplare der Stiel-Eiche auf freiem Feld stehen. Sie stellen damit ein günstiges Ziel für den Blitz dar. Trifft ein Blitz eine Eiche, fließt der Strom im Holz unter der Rinde nach unten. Das dort vorhandene Wasser verdunstet, der Stamm platzt auf. Überlebt der Baum, zeigt er noch jahrzehntelang eine Blitzrinne auf dem Stamm. Bei Buchen findest du diese viel seltener. Schlägt ein Blitz in sie ein, leitet ihre glatte Rinde den Strom oft oberflächlich in den Boden – und der Baum bleibt intakt.

EWIGKEIT UND HÄRTE Das Wort „Druide" für die Priester der Kelten leitet sich von der Eiche ab: „duir" ist der keltische Name der Eiche. Auch das Wort „Tür" geht darauf zurück. Türen und Türstürze waren früher oft aus dem harten, starken Eichenholz gefertigt. Dieses Holz zählt zu den wertvollsten heimischen Laubhölzern. Ein durchgesägter Stamm zeigt einen äußeren hellen Holzring und einen dunkleren Kern. Im dunklen Kernholz hat der Baum Gerbstoffe eingelagert, die es extrem dauerhaft und fest machen. So ruhen in Venedig die kanalseitigen Fassaden der Gebäude seit Jahrhunderten auf dicken Eichenpfählen. Wenn die Bauwerke nun langsam in der Lagune versinken, so sind daran nicht faulende Pfähle schuld, sondern die Wellenbewegungen großer Schiffe sowie der Untergrund der Inseln, der dem gewaltigen Gewicht der Gebäude nachgibt. Die Liste, für was Eichenholz verwendet wird, ist lang und reicht von Fässern, Schiffen, Brücken und Bahnschwellen bis zu Möbeln. Schrankwände aus „Eiche rustikal" stehen noch heute in vielen Wohnzimmern – nach dem Slogan: „Jedem Deutschen seine Eiche".

MERKMALE Die Stiel-Eiche gehört zu den typischen Bäumen unserer Wälder. Mit ihrem

breiten, knorrigen Wuchs entwickelt sie sich oft zu einem eindrucksvollen Individuum. Die Blätter haben am Grund zwei Lappen (Öhrchen). Männliche und weibliche Blüten entwickeln sich auf demselben Baum. Sie werden vom Wind bestäubt. Die Nussfrüchte werden wie bei allen Eichen als „Eicheln" bezeichnet. Der lange Fruchtstiel, an dem diese sitzen, gab der Stiel-Eiche ihren Namen.

TRAUBEN-EICHE

Quercus petraea – Buchengewächse

HERKUNFT: heimisch **BLÄTTER**: sommergrün, 8–12 cm lang **HÖHE**: 20–30 m
BLÜTEZEIT: April–Mai, vor dem Laubaustrieb **FRÜCHTE**: bis 3 cm lange Nüsse
TYPISCH: Blatt 1–2 cm lang gestielt; Früchte in Bechern, nahezu ungestielt

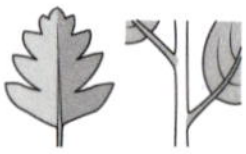

GEDECKTER TISCH Trauben- und Stiel-Eiche gehören neben Weiden zu den heimischen Bäumen, auf denen am meisten Insekten leben. Jedes einzelne Exemplar bietet dazu einen Lebensraum auf bis zu 800 000 Blättern und mehreren Kilometern Ästen, Zweigen und Wurzeln. Da gibt es genug Platz und Nahrung für unzählige Einzeltiere aus über 300 verschiedenen Insektenarten. Dazu kommen Spinnen, Milben und viele andere Kleintiere. Sie alle locken wiederum Vögel an, die zwischen den Blättern nach den nahrhaften Happen suchen. Andere Vögel und Säugetiere lassen sich die Eicheln schmecken. Eichelhäher und Eichhörnchen sind sogar nach dem Baum benannt – auch wenn sie natürlich noch vieles andere fressen. Spechte und Kleiber nutzen die tief gefurchte Rinde als Schmiede: Sie klemmen Zapfen, Eicheln und Bucheckern darin fest. So können sie diese besser bearbeiten, um an die nahrhaften Kerne zu gelangen.

SCHWEINEFUTTER Nicht nur Wildschweine wühlen im Boden unter den Bäumen nach den Eicheln. Unsere Vorfahren trieben auch ihre Hausschweine zur Mast in Eichenwälder. Der Baum war für sie als Fruchtbaum viel wichtiger als für Bauholz. Eicheln sind arm an Fett, aber reich an Stärke. Schweine bekommen mit diesem Futter ein kerniges Fleisch und einen festen Speck. Nicht umsonst heißt es: „Auf Eichen wachsen die besten Schinken." Dies gilt immer noch: Vielleicht hast du schon einmal vom spanischen Bellota-Schinken „Jamón Ibérico de Bellota" gehört. Er stammt von Iberischen Schweinen, die hauptsächlich Eicheln (spanisch „Bellota") fressen – in diesem Fall von Kork- und Stein-Eichen. Er gilt als der edelste Schinken der Welt. Ich habe ihn bisher nicht probiert. Doch zu den teuersten Schinken zählt er allemal.

Wälder, in denen Schweine sowie Rinder und Ziegen weiden, werden mit der Zeit immer lichter. Der Unterwuchs wird verbissen, es können keine Keimlinge zu Jungbäumen heranwachsen. Früher bepflanzten die Leute bei uns solche überalterten Wälder oft mit Fichten, Kiefern und Birken. Noch heute stehen auf vielen Standorten, die typisch für Eichen wären, deshalb Kiefern- oder Fichtenforste. Aktuell sind nur etwa 11 Prozent der Waldbäume in Deutschland Eichen.

MERKMALE Die Trauben-Eiche wächst weniger knorrig als die Stiel-Eiche und bildet meist einen bis in den Wipfel durchgehenden Stamm. Die Eicheln sitzen in der Regel zu dritt bis zu siebt auf dem Zweig. Sie stehen dabei so dicht beieinander, dass die Gruppen an Trauben erinnern. Davon erhielt der Baum seinen deutschen Namen.

ÄHNLICHE ARTEN Die **Stiel-Eiche** (S. 134) braucht mehr Feuchtigkeit als die Trauben-Eiche. Damit wird die Trauben-Eiche vermutlich besser mit dem Klimawandel klarkommen. Wissenschaftler räumen noch einer weiteren Art gute Chancen ein: der **Flaum-Eiche** (*Quercus pubescens*, Bild unten). Sie kommt besonders in Südeuropa vor und ist an warmes, trockenes Klima angepasst. In Deutschland gibt es einzelne Standorte, zum Beispiel im Oberrheingraben, an der Mosel und im Hegau. Hier bei uns ist sie ein Relikt aus der nacheiszeitlichen Wärmezeit. Ihre Stämme sind oft krumm, ihr Wuchs breit. Die Blätter ähneln von der Form jenen der Stiel-Eiche, sind aber unterseits dauerhaft flaumig behaart. Die Früchte sind wie bei der Trauben-Eiche ungestielt. Sie sitzen einzeln oder in kleinen Gruppen.

EUROPÄISCHE LÄRCHE

Larix decidua – Kieferngewächse

HERKUNFT: heimisch **BLÄTTER**: sommergrün, bis 3 cm lang **HÖHE**: 25–35 m
BLÜTEZEIT: April–Mai **FRÜCHTE**: bis 4 cm lange Zapfen
TYPISCH: im Herbst abfallende, weiche Nadeln stehen in Büscheln auf Höckern

NADELNDE LÄRCHEN Ich habe früher eine Zeit lang in einem Haus gewohnt, dessen neuer Nachbar eine Lärche im Garten hatte. Irgendwann im späten Winter hat er sie gefällt. Als ich mit ihm ins Gespräch kam, meinte er, sie hätte alle Nadeln fallen lassen, sei also abgestorben. So kann man hereinfallen, wenn man nur immergrüne Nadelbäume wie Fichten und Tannen kennt! Die Lärche ist unser einziger heimischer Nadelbaum, der seine Nadeln im Herbst abwirft. Der wissenschaftliche Artname *decidua* deutet darauf hin. Er bedeutet „abfallend“. Davor färben sich die Nadeln leuchtend goldgelb – ein wunderschönes Schauspiel (S. 77).

HARZENDE LÄRCHEN Die Namen *Larix* und Lärche leiten sich wohl von Bezeichnungen ab, die Alpenbewohner dem Baum gaben. Seit alter Zeit deuten dort Landschaftsnamen wie Lötschberg und Lötschental auf Vorkommen von Lärchen hin. Angehörige eines besonderen Berufsstandes, die Harzer, Larcher oder Lärgethbohrer, bohrten bis in die Neuzeit Löcher durch die Rinde ins Holz der Bäume und fingen das ausfließende honigartige Harz auf. Wenn du eine verletzte oder frisch geschlagene Lärche siehst, wirst du sicher kleine, duftende, klebrige Tröpfchen davon finden. Sie sehen etwas danach aus, als ob der Baum weinen würde – „lacrima“

ist passenderweise die lateinische Bezeichnung für Träne. In der Heilkunde verwendet man die Lärchenterpentin genannte, zähe Flüssigkeit noch heute bei Atemwegserkrankungen, Furunkeln und als durchblutungsförderndes Mittel bei Rheuma.

„DIE EICHE" DER NADELHÖLZER Das Holz der Lärche gehört unter allen Nadelbäumen zu den härtesten. Ähnlich wie Eichenholz fault es im Wasser nicht. Vielmehr wird es steinhart, wenn es unter Wasser liegt. Bis mindestens ins 16. Jahrhundert stellte man deshalb in den Alpen Wasserrohre aus ausgehöhlten Lärchenstämmen her. Für Brücken und Schiffe spielt Lärchenholz noch heute eine Rolle. Auch an der Luft ist das Holz sehr langlebig und widersteht Pilzen und jedem Wetter. In vielen Alpenregionen, besonders im Schweizer Kanton Wallis, stehen Häuser und Ställe, die ganz aus Lärchenholz gebaut und mehrere Hundert Jahre alt sind. Andere Häuser sind mit Schindeln aus dem Holz gedeckt oder verkleidet.

MERKMALE Die Europäische Lärche ist ein typischer Gebirgsbaum. In den Alpen bildet sie – oft zusammen mit Fichten – lichte Wälder und steigt bis an die obere Baumgrenze in Höhen von 2500 m. Außerhalb seiner natürlichen Heimat steht der Baum im Forst, in Parks und Gärten. An den einjährigen Zweigen sitzen die hellgrünen Nadeln einzeln. Erst ab dem zweiten Jahr bilden sich die Höcker für die Nadelbüschel. Die getrenntgeschlechtlichen Blüten öffnen sich etwa gleichzeitig mit dem Nadelaustrieb. Die Zapfen sind eiförmig und haben anliegende Schuppen. Die geflügelten Samen reifen im Herbst, die Zapfen öffnen sich aber oft erst im nächsten Frühjahr und können noch jahrelang am Baum hängen bleiben.

ÄHNLICHE ART In tieferen Lagen und küstennahen Gebieten gedeiht die blaugrün benadelte **Japanische Lärche** (*Larix kaempferi*, Bild unten) besser als die Europäische Lärche. Sie benötigt mehr Wasser und Luftfeuchtigkeit. Außer an der Nadelfarbe kannst du sie an den Zapfen erkennen. Deren Schuppen sind vorne nach außen gebogen, sodass der Zapfen wirkt, als sei er mit Rüschen besetzt.

HÄNGE-BIRKE

Betula pendula – Birkengewächse

HERKUNFT: heimisch **BLÄTTER:** sommergrün, 3–7 cm lang **HÖHE:** 8–25 m **BLÜTEZEIT:** April–Mai, mit dem Laubaustrieb **FRÜCHTE:** Flügelfrüchte in 2–3 cm langen Fruchtkätzchen **TYPISCH:** leuchtend weiße Rinde mit dunklen Wülsten

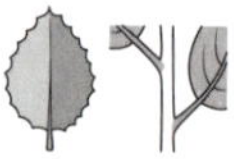

KIND DES LICHTS In einem dunklen Wald suchst du diesen Baum vergeblich. Die Hänge-Birke ist ein echter Pionier. Sie taucht dann auf, wenn andere fehlen oder verschwunden sind und ihr so ein Platz an der Sonne geboten wird. Ihre unzähligen, weit fliegenden Früchte keimen auf Waldschlägen und Heiden, aber auch auf Bahngelände und in Industriegebieten. Dabei ist sie sehr bescheiden und begnügt sich sogar mit nährstoffarmen Sandböden. Wegen dieser Eigenschaft heißt sie auch Sand-Birke. Junge Birken wachsen sehr rasch. Sobald andere Bäume mit ihr in Konkurrenz treten, wird sie von diesen verdrängt. Lediglich auf Heiden und Ödflächen behauptet sie sich dauerhaft. Doch auch dort wird sie meist nur 60–80, selten über 100 Jahre alt.

SYMBOL DES NEUBEGINNS Schon bei den Kelten und Germanen war die Birke ein wichtiger Kultbaum. In der Walpurgisnacht ritten die Hexen auf Birkenbesen durch die Lüfte. Birkenzweige sollten bösen Zauber abwehren. Die zart wirkenden Bäume gelten noch heute als Symbol für Jugend, Fruchtbarkeit und Wachstum. Ein mit Bändern geschmückter Maibaum ist Sinnbild für den Neubeginn und das Frühlingserwachen. Nach altem Glauben muss man an Maibäumen die Rinde schälen, damit sich keine Hexen darunter verstecken

können. Der Wipfel jedoch muss stehen bleiben, um die Kraft des jungen Grüns zu verströmen. Wenn ein Verliebter am 1. Mai eine Birke vor das Haus seiner Angebeteten stellt, ist dies ein Zeichen seiner Liebe und ein symbolischer Heiratsantrag.

WERTVOLLER WEISSER FARBSTOFF Ihre Namen *Betula* und Birke verdankt der Baum seiner leuchtend weißen Rinde. Er lässt sich auf die mittelhochdeutsche Bezeichnung für „glänzend" oder „hell" zurückführen. Wenn du mit dem Finger darüberreibst, bleibt ein feines weißes Pulver daran hängen (Bild unten). Dieses Pigment heißt Betulin. Wie wichtig der weiße Mantel für den Baum ist, haben Forscher untersucht, indem sie Birkenstämme im Winter schwarz anmalten und mit den natürlichen weißen Stämmen verglichen: Bei den schwarzen Birken tauten die äußeren Stammschichten in der Sonne auf, während die weißen Tag und Nacht Temperaturen unter -10 °C aufwiesen. Für den Baum ist es extrem gefährlich, wenn sein Stamm in der Sonne auftaut und nachts wieder gefriert. Er bekommt dann Frostrisse, über die Pilze und andere Schaderreger eindringen können. Ein frei stehender Baum sollte der Sonne also blendend helle Flächen entgegenhalten. Dazu genügt es der Birke nicht, dass sie Betulin einlagert, denn Dreck, Algen und Flechten setzen sich auf der Rinde fest. Sie „putzt" sich deshalb, indem sie die Rinde immer wieder in dünnen Lagen abrollt. Darunter kommt eine neue, strahlend weiße Schicht hervor – wie wenn du bei einem Schreibblock das beschriebene Blatt abreißt. Die glatte Rinde lässt sich übrigens auch gut mit einem Stift beschreiben. Sie diente früher und in Notzeiten als Papier.
Betulin hemmt auch Schimmelpilze und Bakterien. Nordische Völker lagerten deshalb ihre Lebensmittel in Behältern aus Birkenrinde. Das Volk der Samen in Skandinavien stellte Umhänge und Schuhe aus „Birkenleder" her. Biologisch orientierte Firmen haben dies wiederentdeckt, sodass du heute auch bei uns Taschen, Hüte und andere Accessoires aus „Birkenleder" kaufen kannst.

MERKMALE Der Baum bildet eine lockere Krone mit dünnen, meist hängenden Zweigen. Die Blätter sind rhombisch bis dreieckig und kahl. Ihr Stiel ist abgeflacht, sodass sich die Blätter ähnlich wie bei der Zitter-Pappel (S. 170) bereits bei leichtem Wind bewegen. Die männlichen Blütenkätzchen (Bild oben) sind schon im Winter als kleine Würstchen sichtbar, die weiblichen schieben sich zusammen mit den Blättern aus den Knospen und öffnen sich zu grünen „Flaschenbürsten". Beide sitzen auf demselben Baum. Die hängenden Fruchtkätzchen zerfallen bei der Reife.

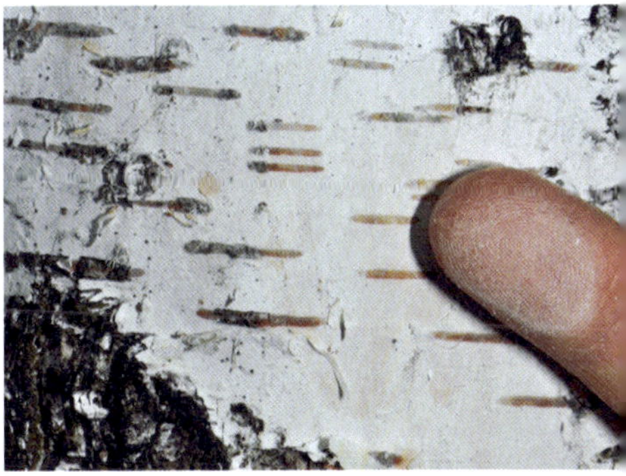

BERG-AHORN

Acer pseudoplatanus – Seifenbaumgewächse

HERKUNFT: heimisch **BLÄTTER**: sommergrün, 10–20 cm breit
HÖHE: 25–30 m **BLÜTEZEIT**: Mai, mit dem Blattaustrieb
FRÜCHTE: 3,5–4,5 cm lange Spaltfrüchte **TYPISCH**: 5 gezähnte Blattlappen; Frucht mit 2 etwa rechtwinklig zueinanderstehenden Flügeln

EIN WERTVOLLER BERGBEWOHNER
Ursprünglich wächst der Berg-Ahorn nur im kühl-feuchten Klima der Mittelgebirge und der Alpen. Dort kommt er in Wäldern und an schattigen Hängen vor und steigt als einer der wenigen Laubbäume in den Alpen hinauf bis an die Waldgrenze. Er kann auch auf sehr felsigem Untergrund wachsen und sogar bewegte Geröllfelder besiedeln. Sein Laub verbessert den Boden und bereitet ihn für weitere Pflanzen vor. In Schutzwäldern an steilen Hängen mindert er die Gefahr von Steinschlag und Hangrutschungen. Dabei ist er vielen hässlichen Lawinenverbauungen überlegen. Die schuppige Rinde schützt die Stämme vor aufprallenden Steinen. Selbst große Stammwunden kann der robuste Baum verkraften. Almbauern haben den Wert des Baumes schon früh erkannt und ihn auf ihren Almwiesen gefördert. Besonders bekannt sind die über 2000 Berg-Ahorne, die auf dem Großen und Kleinen Ahornboden im österreichischen Karwendelgebirge nahe Mittenwald wachsen. Dort hat sich jeder einzelne der bis zu 600 Jahre alten Ahorne zu einer imposanten Baumgestalt entwickelt. Im Herbst leuchtet ihr Laub intensiv gelb und die Talböden locken viele Touristen an.

GESCHÄTZTES HOLZ Schon die Kelten wurden auf das sehr helle Holz dieses Baumes aufmerksam. Für sie symbolisierte es eine be-

sondere innere Reinheit. Weniger mystisch geht es zu, wenn Förster heute den Baum wegen seines Holzes in Bergregionen und im Tiefland kultivieren – für sie steht der finanzielle Ertrag im Vordergrund. Ein hochwertiger, kräftiger Ahornstamm kann mehrere Tausend Euro wert sein. In Bayern erzielte 2022 ein 4 m langes und 60 cm dickes Stammstück sogar mehr als 20 000 Euro! Das war einer der wertvollsten Stämme, die in Bayern jemals verkauft wurden. Da sag' noch einer, Geld wächst nicht auf Bäumen. Vielleicht könnte es nun verlockend für dich sein, mit dem Geld aus deinem Sparstrumpf Berg-Ahornbäume zu pflanzen. Doch das ist echt eine langfristige Geldanlage: Die Bäume brauchen 100–120 Jahre, bevor ihr Holz stark genug ist, um einen guten Ertrag zu liefern. Du brauchst also nicht nur einen langen Atem, sondern musst die Bäume vererben. Schon zu deinen Lebzeiten kannst du aber mit einer Ahorn-Pflanzaktion etwas für das Klima und die vielen Tiere tun, die auf und von dem Ahorn leben.
Was macht das Ahornholz so wertvoll? Es ist sehr fein und gleichmäßig beschaffen, hart und zäh. Deshalb lässt es sich sehr gut mit allen Werkzeugen bearbeiten, drechseln und schnitzen. Besonders teuer sind Stämme mit einer sogenannten Riegelmaserung. Dabei wachsen die Holzfasern in Wellen und das ergibt ein wunderschönes Muster. Du kennst dies vielleicht von den Böden von teuren Streichinstrumenten wie Geigen, Cellos und Bratschen. Leider haben nur 2–4 Prozent der Ahornbäume diese wertvolle Maserung – und an einem stehenden Baum mit Rinde lässt sie sich nicht erkennen.

MERKMALE Frei stehende Berg-Ahorne bilden ausladende, rundliche bis kuppelförmige Kronen. Die Blätter sind oberseits dunkelgrün, unterseits matt graugrün. In Parks und an Straßen wächst auch der Blut-Berg-Ahorn (*Acer pseudoplatanus* 'Atropurpureum'). Bei ihm sind die Blätter im Austrieb rot, ihre Unterseiten werden später dunkelrot. Die gelblich grünen Blüten bilden bis 15 cm lange, hängende Blütenstände (Bild oben). Sie produzieren viel Nektar und locken vor allem Bienen, Käfer und Fliegen an. Die Früchte (Bild unten) reifen ab Ende September. Sie hängen oft im Winter noch am Baum, bevor sie wie alle Ahornfrüchte als Schraubenflieger vom Wind verbreitet werden.

ÄHNLICHE ART Wie der wissenschaftliche Artname des Berg-Ahorns (*pseudoplatanus*) vermuten lässt, ähnelt er einer **Platane** (S. 28). Hast du nur ein Blatt vor dir, wird die Unterscheidung tatsächlich schwierig. Siehst du einen Zweig oder mehr vom Baum, erkennst du, dass die Blätter der Platane wechselständig angeordnet sind. Außerdem sind Platanenfrüchte zu auffälligen Kugeln vereint.

WEISS-TANNE

Abies alba – Kieferngewächse

HERKUNFT: heimisch **BLÄTTER**: immergrün, bis 3 cm lang **HÖHE**: 30–50 m **BLÜTEZEIT**: Mai **FRÜCHTE**: 8–16 cm lange Zapfen **TYPISCH**: Nadeln unterseits mit 2 weißen Bändern; Zapfen zerfallen auf dem Baum

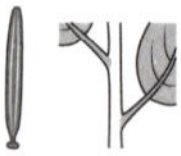

ÜBERLEBENSKÜNSTLER Diese Tanne ist in mittel- und südeuropäischen Gebirgen beheimatet. Bei uns wächst sie auch in Forsten im Tiefland. Stürme können sie nicht so leicht aus der Bahn werfen wie eine Fichte, denn sie verankert sich mit einem tief reichenden Wurzelwerk. Sie ist damit ein idealer Baum für Schutzwälder, die Lawinen und Rutschungen verhindern sollen. Allerdings sorgen sich Forstleute um die Zukunft des Baumes. Schon seit dem 17. Jahrhundert treten Schäden auf – Nadeln vergilben und fallen ab, der Nachwuchs bleibt aus. Besonders in der zweiten Hälfte des 20. Jahrhunderts rückte die Tanne deshalb als Symbol des „Waldsterbens" in den Fokus der Presse. Die Ursachen des „Tannensterbens" sind vielfältig: Schadstoffbelastung, Klima, Krankheiten und Schädlinge, aber auch falsche Bewirtschaftung der Wälder tragen dazu bei. Allerdings sehen Wissenschaftler heute auch eine gegenläufige Tendenz. Die Weiß-Tanne könnte im Hinblick auf den Klimawandel eine wichtige Rolle übernehmen. Sie gilt als ein möglicher Ersatz für die Fichte. Ihre Chancen dafür stehen gar nicht schlecht. Sie kann sich besser als Fichte und Rot-Buche an unterschiedliche Klimabedingungen anpassen. Auch Trockenperioden übersteht sie besser. So wird die Tanne vielleicht in Zukunft ihrem Namen noch mehr Ehre machen: „tanna" ist althochdeutsch und bedeutet „Wald".

SUMMENDE TANNEN Wenn es in Weiß-Tannen im Sommer über Tage hinweg summt, ist das ein Zeichen für das geschäftige Treiben von Honigbienen. Ihr Besuch gilt nicht den Blüten – diese werden vom Wind bestäubt. Vielmehr ernten die Sammlerinnen süßen Honigtau. Er ist ein Abfallprodukt von Blattläusen, die sich vom Pflanzensaft ernähren. Die Nahrung der Läuse enthält in erster Linie

Zucker. Um auch genügend andere Nährstoffe zu erhalten, müssen sie große Mengen Pflanzensaft zu sich nehmen. Den Überschuss an Wasser und Zucker scheiden sie als Honigtau aus. Die Bienen als Nutznießer müssen ihn nur noch von Nadeln und Zweigen lecken.

HONIGKUNDE Falls du also bisher gedacht hast, für Honig besuchen Honigbienen ausschließlich Blüten, warst du auf dem Holzweg. Ich hoffe, ich habe dir nicht den Appetit auf diese süße Delikatesse verdorben. Doch du kannst dir ja eine Honigsorte nach deinem Geschmack heraussuchen – für die meisten haben Bienen Nektar von Blüten gesammelt. In Deutschland und Österreich verkaufen Imker ihren Honig als Tannenhonig, wenn er ausschließlich aus Honigtau von Weiß-Tannen entstanden ist. In der Schweiz kann Tannenhonig auch von Fichten kommen. Tatsächlich stammt die Hauptmenge an Honigtau in unseren Wäldern von Läusen auf Fichten. Das gibt dann zusammen mit Honigtau von anderen Nadelbäumen und etwas Nektar von Blütenpflanzen einen würzigen Waldhonig. Auch einige Läuse auf Laubbäumen – zum Beispiel Linden, Eichen und Eschen – vermehren sich in manchen Jahren so stark, dass süße Tröpfchen von den Bäumen fallen und alles mit einem klebrigen Belag überziehen. Sammeln Bienen diesen Honigtau, so entsteht daraus Blatthonig. Achte also gut auf die Bezeichnungen auf deinem Honigglas!

MERKMALE Der Baum bildet einen weißlichen oder grauen Stamm und eine kegelförmige Krone. Im Alter wächst der Gipfeltrieb langsamer, sodass der Wipfel zu einem „Storchennest" abflacht. Die Äste stehen fast horizontal. Die ledrigen Nadeln sitzen mit einer runden Basis an den Zweigen. An beschatteten Zweigen sind sie gescheitelt. Ab einem Alter von etwa 60 Jahren entwickeln sich Blüten im oberen Kronenbereich. Die Zapfen stehen aufrecht und zerfallen ab September. Ihre Mittelachse kann noch lange auf dem Zweig verbleiben. Die geflügelten Samen fliegen mit dem Wind davon.

ÄHNLICHE ART Wenn du einen „Tannenzapfen" auf dem Waldboden findest, gehört er zu einer **Gewöhnlichen Fichte** (S. 126).

DOUGLASIE

Pseudotsuga menziesii – Kieferngewächse

HERKUNFT: Nordamerika **BLÄTTER**: immergrün, 2–4 cm lang **HÖHE BEI UNS**: bis 67 m **BLÜTEZEIT**: April–Mai **FRÜCHTE**: bis 10 cm lange Zapfen **TYPISCH**: dreizipfelige Schuppen ragen wie Zungen aus den hängenden Zapfen

HÖCHSTER BAUM DEUTSCHLANDS Du möchtest Rekorde mit eigenen Augen sehen? Wie wäre es mit dem höchsten Baum Deutschlands? Die Douglasie „Waldtraut vom Mühlwald" wurde 1913 im Stadtwald von Freiburg im Breisgau gepflanzt. Im Jahr 2017 maß sie etwa 67 m und wurde zum höchsten Gewächs Deutschlands gekürt. Damit ist sie zwar ein paar Meter niedriger als die höchste Achterbahn im nahe gelegenen Europa-Park Rust, doch kommst du dir neben diesem Exemplar bestimmt wie ein Zwerg vor. In ihrer Heimat wachsen Douglasien bis fast 100 m in den Himmel – sie gehören neben den Riesen- und Küstenmammutbäumen (S. 82, 95) zu den höchsten Bäumen der Welt.

VIEL HOLZ Douglasien werden nicht nur groß, sondern wachsen auch sehr rasch. Sie liefern selbst auf schlechten Standorten mehr Holz als heimische Baumarten. Am gleichen Platz können sie sogar doppelt so viel Masse liefern wie die Fichte. Nach dem Zweiten Weltkrieg wurden deshalb bei uns zahlreiche Douglasienforste angelegt. Heute ist sie die wichtigste nichtheimische Baumart in deutschen Wäldern und ihr Anbau nimmt stetig zu. Sie ist nicht nur wegen des enormen Zuwachses beliebt, sondern auch wegen ihrer Trockenresistenz. So könnte sie ein Klimabaum mit Zukunftschancen werden und sich im Klimawandel bewähren. Als fremdländische Baumart sollte die Douglasie aber nicht in Gebiete gepflanzt werden, in denen heimische Ökosysteme geschützt werden sollen, zum Beispiel in Naturwaldreservate.

BETÖRENDER DUFT Douglasien ziehen mich magisch an – sehe ich eine, muss ich einfach an ihren Nadeln reiben. Diese duften nicht nur nach Nadelbaum oder Weihnachten wie etwa die der Fichte, sondern zusätzlich frisch und intensiv nach Zitrusfrüchten. Je nach Exemplar und Jahreszeit verströmen die Nadeln eine Orangen- oder Zitronennote, für mich ist es immer wieder ein Aha-Erlebnis herauszufinden, was gerade dominiert. Mit seinem extravaganten Duft hat es das ätherische Öl der Douglasie auch in Kosmetika und Parfüms geschafft. Du kannst es dort mit dem wissenschaftlichen Baumnamen in der Zutatenliste finden. Dass auch eine Parfümeriekette ähnlich wie der Baum heißt, ist jedoch ein Zufall: Douglas ist ein häufiger schottischer Familienname. Die Douglasie ist nach dem Botaniker benannt, der die ersten Samen nach England brachte.

Als Wissenschaftler das für den Duft der Douglasie verantwortliche, leicht flüchtige Öl untersuchten, fanden sie heraus, dass es ein Cocktail aus etwa 60 verschiedenen Substanzen ist. Das mag auf den ersten Blick viel erscheinen, doch solche Mixturen sind nicht ungewöhnlich bei Pflanzen. Zu den Rekordhaltern zählt die Vanille. Ihr Aroma setzt sich aus über 300 Komponenten zusammen. Im Labor lässt sich so etwas kaum nachbauen. In der Regel genügen aber bereits ein oder wenige Hauptbestandteile, um uns das Typische des jeweiligen Dufts oder Aromas zu vermitteln.

MERKMALE Der gerade Stamm zeigt in der Jugend fingerkuppengroße Blasen, die mit klebrigem, duftendem Balsam gefüllt sind. Alte Stämme sind von einer dicken, tief rissigen Borke bedeckt (Bild oben), die den Baum bei Waldbränden schützt. Die relativ weichen Nadeln sitzen einzeln direkt auf den Zweigen. Es gibt zwei Varietäten der Art: Die Küsten-Douglasie von der Pazifikküste Nordamerikas hat grüne Nadeln und Zapfen mit anliegenden „Zünglein". Bei der Gebirgs-Douglasie aus den Rocky Mountains sind die Nadeln blaugrün und die zungenartigen Zapfenschuppen abstehend.

ÄHNLICHE ARTEN Bei der **Gewöhnlichen Fichte** (S. 126) sitzen die Nadeln auf einem Höcker. Ihren hängenden Zapfen fehlen die „Zünglein". Die **Weiß-Tanne** (S. 144) hat an der Basis wie kleine Saugnäpfe verdickte Nadeln und aufrechte Zapfen.

WINTER-LINDE

Tilia cordata – Malvengewächse

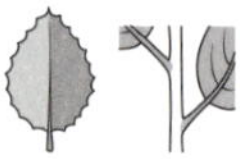

HERKUNFT: heimisch **BLÄTTER**: sommergrün, 6–10 cm lang **HÖHE**: 20–40 m
BLÜTEZEIT: Ende Juni–Mitte Juli **FRÜCHTE**: bis 1 cm lange Nüsse
TYPISCH: 5–10 Blüten hängen gemeinsam unter einem hellen, zungenartigen Hochblatt; Unterseite der Blätter bläulich grün

FEUERALARM Du bist dir unsicher, ob du eine Linde vor dir hast? Ich verrate dir ein kleines Tier als Spickzettel: die Feuerwanze (Bild oben links). Besonders im Frühjahr tummeln sich diese auffallenden Insekten oft zu Hunderten an der Basis von Lindenstämmen. Nachdem sie im Boden überwintert haben, lockt sie nun die Sonne hervor. Sie nutzen das angenehm warme Klima der Stämme, um sich aufzuwärmen und zu paaren. Manchmal – aber viel seltener – sitzen sie an den Stämmen von Robinien (S. 156) oder Rosskastanien (S. 26). Doch warum lieben sie ausgerechnet die Linden? Ihre Leibspeise sind Lindensamen! Sie stechen die kleinen Früchte an und saugen sie aus. Sicher findest du unter den Linden noch Früchte vom Vorjahr, die eine willkommene Kost für die Wanzen sind. Meistens entfernen sich die Tierchen nicht weit von „ihrem" Baum, denn auch ausgewachsene Feuerwanzen haben oft nur kurze Stummelflügel. Sie sind dann zu einem Leben als Fußgänger verdammt. Den Sommer verbringen sie oft auf den Bäumen. Ihre auffallende Warnfarbe tragen die Tiere übrigens zu Recht: Bei Gefahr sondern sie ein unangenehm riechendes und übel schmeckendes Sekret ab. Spätestens dies schreckt Fressfeinde ab.

HEILIGES HOLZ Linden haben ein sehr feines, weiches und gleichmäßiges Holz, das sich gut bearbeiten lässt. Es eignet sich besonders für Schnitzarbeiten – nicht nur für Gebrauchsgegenstände wie Teller, Löffel und Schüsseln, sondern außerdem für künstlerische Darstellungen. Im Mittelalter erhielt es die Bezeichnung „lignum sanctum", also „heiliges Holz", da viele Heiligen- und Marienfiguren aus ihm geschnitzt wurden. Auch berühmte Altäre und andere Werke des spätgotischen Bildschnitzers Tilman Riemenschneider bestehen aus Lindenholz. Leider fühlen sich Holzwürmer in dem relativ eiweißreichen Holz sehr wohl – egal ob es heilig ist oder nicht. So sind viele dieser alten Kunstwerke wie ein Schweizer Käse durchlöchert.

LINDERNDE LINDENBLÜTEN Ein Tee aus den intensiv duftenden Lindenblüten wirkt schweißtreibend. Nun kannst du sagen: Klar, er ist ja heiß, kein Wunder, dass man schwitzt. Doch mit diesem Tee schwitzt du mehr als mit einer anderen heißen Flüssigkeit. Diese Eigenschaft sowie ein Mix aus verschiedenen Inhaltsstoffen helfen dabei, Fieber, Erkältungen und Husten zu lindern. Wenn du Lindenblütentee kaufst, besteht der übrigens nicht nur aus Blüten, sondern das Hochblatt ist mit dabei. Das ist richtig so, doch die Bezeichnung für diesen Tee ist etwas verwirrend.

MERKMALE Der Baum bevorzugt sommerwarme Wälder. Die Blätter sind schief herzförmig. In den Winkeln der Blattnerven sitzen auf der Unterseite kleine braune Haarbüschel, die sogenannten Achselbärte. In diesen leben oft kleine Milben. Die kugeligen, reif kahlen Früchte werden mitsamt dem jeweiligen Hochblatt vom Wind davongewirbelt.

ÄHNLICHE ARTEN Die **Sommer-Linde** (S. 150) wächst ebenfalls in Wäldern. Beide Arten werden schon lange auch außerhalb des Waldes gepflanzt, etwa als Dorflinde, an Kirchen oder Kapellen. Wie ihr Bastard, die **Holländische Linde** (S. 34), steht sie auch an Straßen und in Parks.

SOMMER-LINDE

Tilia platyphyllos – Malvengewächse

HERKUNFT: heimisch **BLÄTTER**: sommergrün, 5–16 cm lang
HÖHE: 15–40 m **BLÜTEZEIT**: Juni **FRÜCHTE**: bis 1 cm lange Nüsse
TYPISCH: 2–5 Blüten hängen gemeinsam unter einem hellen, zungenartigen Hochblatt

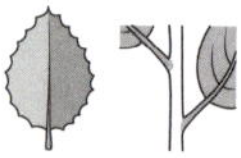

PHÄNOLOGISCHER KALENDER Lass' doch mal deinen üblichen Kalender an der Wand hängen und sieh' dir an, wie man mit Beobachtungen in der Natur die Jahreszeiten einteilen kann. Dabei richtet man sich nicht nach dem Datum, sondern danach, wie weit bestimmte Pflanzen entwickelt sind – je nach Witterung ist das jedes Jahr ein bisschen anders. Nach diesem „Phänologischen Kalender" gibt es zehn verschiedene Jahreszeiten. Gehölze spielen eine wichtige Rolle darin. So markiert die Blüte der Sommer-Linde den Beginn des Hochsommers und damit den Start der heißen Jahreszeit. Gerne gebe ich dir einige weitere Beispiele: Fallen die ersten Früchte der Rosskastanie und der Stiel-Eiche vom Baum, beginnt der Vollherbst. Wirft die Eberesche ihre Blätter ab, fängt der Spätherbst an. Zu Beginn des phänologischen Winters fallen die Nadeln der Europäischen Lärche. Der Vorfrühling beginnt mit der Haselblüte. Dieser Kalender ist keine Spielerei von ein paar Naturfreaks. Vielmehr sammelt der Deutsche Wetterdienst die Daten und stellt sie Behörden, Forschenden und allen Interessierten zur Verfügung. Auch du kannst sie online abrufen.

MERKMALE Die Sommer-Linde bevorzugt das feuchte Klima von Berg- und Schluchtwäldern. Du findest sie auch an Waldrändern. Bei freiem Stand bildet sie eine mächtige, breite Krone. Wie andere Lindenarten kann sie über 1000 Jahre alt werden. Bei alten Linden sind der Stamm und große Äste oft morsch und hohl. Ihre schief herzförmigen Blätter sind ziemlich weich und haben helle Achselbärte. Die Blüten öffnen sich ein bis zwei Wochen vor der Winter-Linde (S. 148). Die Früchte sind behaart, hart und kantig.

ROT-EICHE

Quercus rubra – Buchengewächse

HERKUNFT: östliches Nordamerika **BLÄTTER**: sommergrün, 10–25 cm lang **HÖHE BEI UNS**: 10–25 m **BLÜTEZEIT**: Mai, mit dem Laubaustrieb **FRÜCHTE**: bis 2,5 cm lange Nüsse **TYPISCH**: Blätter auf jeder Seite mit 2–6 spitzen Lappen; Früchte in flachen Fruchtbechern

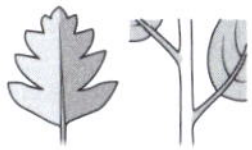

FEUERWERK Diese Eiche ist in ihrer Heimat eine der bedeutendsten und häufigsten Laubbaumarten. Ihre spektakuläre Herbstfärbung trägt wesentlich zur Farbenpracht des Indian Summers bei (S. 76). In Deutschland gilt sie als die eingeführte Laubbaumart, die in den Wäldern flächenmäßig am meisten vorkommt. Zwar nimmt sie weniger als ein halbes Prozent der Waldfläche ein, doch die Chancen, dass du eine Rot-Eiche im Wald entdeckst, sind hoch. Achte also einmal auf rot leuchtende Bäume im Herbstwald. Auch an Straßen und in Parks entfalten sie ihre herrliche Pracht.

MERKMALE Der Stamm teilt sich nach wenigen Metern in kräftige Äste, die eine runde Krone formen. Die weiblichen Blüten sitzen versteckt, die männlichen bilden gelbgrüne Blütenstände. Die Nussfrüchte – also die Eicheln – sind fast so breit wie lang. Sie reifen erst im zweiten Jahr.

ÄHNLICHE ART Bei der **Sumpf-Eiche** (*Quercus palustris*, Bild rechts unten) sind die Blätter kleiner, ihre Lappen schmäler und tiefer eingeschnitten. Diese Art mit ebenfalls leuchtend roter Herbstfärbung wächst als Zierbaum in Alleen und Parks. Seit 2000 heißt sie auch „Spree-Eiche": Damals pflanzte man eine größere Zahl im Berliner Regierungsviertel nahe der Spree und benannte sie um. Offensichtlich befürchtete man, dass böse Zungen den „Sumpf" für doppeldeutige Interpretationen und Wortspiele mit der Politik missbrauchen könnten.

SAL-WEIDE

Salix caprea – Weidengewächse

HERKUNFT: heimisch **BLÄTTER**: sommergrün, 3 – 10 cm lang **HÖHE**: 2 – 10 m **BLÜTEZEIT**: März – Mai **FRÜCHTE**: Kapseln in bis 6 cm langen Fruchtkätzchen **TYPISCH**: silberweiß behaarte Blütenkätzchen erscheinen lange vor den Blättern

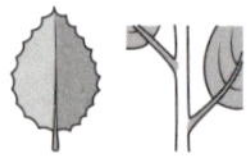

PALMKÄTZCHEN Vielleicht hast du schon mal Zweige mit den flauschigen „Palmkätzchen" in deine Wohnung geholt? Ihr haariger Pelz erinnert nicht nur an ein Fell, sondern erfüllt auch eine ähnliche Aufgabe: Er schützt die Blüten vor Frost und schlechtem Wetter. Palmkätzchen sind hübsche Frühlingsboten und passen sehr gut in eine Osterdekoration. Besonders schön wirken die samtweichen Blütenkätzchen, wenn sie aus männlichen Blüten bestehen, die langsam ihre gelben Staubbeutel zwischen dem Flaum herausschieben (Bild rechts oben). Bedenke aber, dass du mit den geschnittenen Zweigen Bienen ihre wichtigste Frühlingsnahrung wegnimmst.

BIENENFREUND Bei den Bienen sind Sal-Weiden extrem beliebt, denn sie belohnen

ihre Bestäuber schon sehr früh im Jahr mit reichlich wertvoller Nahrung. Die weiblichen Blütenkätzchen bieten Nektar, die männlichen sogar Nektar und Pollen. Imker stellen ihre Bienenstöcke deshalb gerne in die Nähe von Weiden. Wiederum als eine Folge davon, findet man den Pollen von Weiden in bis über 90 Prozent aller Frühjahrshonige. Reiner Weidenhonig ist hell und schmeckt lieblich-mild. Während die Bienen den Nektar als Nahrung für sich sammeln, brauchen sie eiweißreichen Pollen für ihre Larven. Gerade die Pollen von Weiden sind ideal für den Nachwuchs: Aus den damit gefütterten Larven entwickeln sich vitale Bienen, die lange leben und sehr widerstandsfähig sind. Konnten Honigbienen Pollen von vielen Weidenblüten absammeln, reicht ihnen dieser Vorrat oft bis zum Beginn der Obstblüte. Das ist dann die nächste ergiebige Anlaufstelle für sie im Jahreslauf. Die Weide trägt damit indirekt zu einem reichlichen Obstertrag bei: Ein gut genährtes, starkes Volk kann viele Obstblüten bestäuben.
Die Honigbiene ist nicht die einzige Liebhaberin der Sal-Weide. Bienenforscher konnten an dieser Weide über 30 verschiedene Wildbienenarten nachweisen. Die meisten von ihnen sammeln Pollen. Einige davon sind sogar vollständig auf Weiden spezialisiert. Manche gehören zu den gefährdeten Arten. Mit einer Weide im Garten kannst du zu ihrem Erhalt beitragen, denn bei ihnen gilt: keine Biene ohne Weide. Eine kleine Hänge-Kätzchenweide wächst übrigens sogar in einem Kübel auf dem Balkon. Du hast Freude daran – und die Bienen auch.

SCHLARAFFENLAND Noch viele andere Insekten schwärmen für Weiden. Man schätzt, dass 200 bis über 700 Insektenarten von diesen Gehölzen leben. Dazu zählen zum Beispiel Blattläuse, Käfer, Schwebfliegen, Ameisen. Die Sal-Weide gehört auch zu unseren bedeutendsten Schmetterlingspflanzen: Über 110 verschiedene Schmetterlingsarten ernähren sich von ihr. Raupen fressen in oder an Weiden. Bei mir im Garten beherbergt der Stamm sogar Raupen des Weidenbohrers (Bild unten rechts). Die Raupe dieses Nachtfalters ist bis 10 cm lang und damit die größte bei uns.

MERKMALE Die Sal-Weide gehört zu den wenigen Weiden, die auch trockenere Böden besiedeln. Außer im Wald und am Waldrand findest du sie an Wegrändern, in Kiesgruben und an Gewässern. Wie alle Weidenarten ist auch diese zweihäusig. Die bis 4 cm langen Blütenkätzchen der männlichen Exemplare werden durch die Staubblätter gelb und fallen nach der Blüte ab. Die weiblichen Blütenkätzchen sind graugrün. Sie strecken sich nach der Blüte zu grünen Fruchtkätzchen. Deren Kapseln öffnen sich ab Ende Mai und entlassen Samen mit feinen Haaren (Bild unten links). Der Wind verbläst diese über weite Strecken.

ÄHNLICHE ARTEN Von den rund 30 Weidenarten bei uns hat besonders die **Grau-Weide** (*Salix cinerea*) ähnliche Palmkätzchen und blüht früh. Diese Art wächst strauchförmig auf sumpfigen Böden.

BERG-ULME

Ulmus glabra – Ulmengewächse

HERKUNFT: heimisch **BLÄTTER**: sommergrün, 8–16 cm lang **HÖHE**: 20–40 m
BLÜTEZEIT: März–April **FRÜCHTE**: 1–2 cm lange Flügelfrüchte
TYPISCH: häufig dreispitziges Blatt mit unsymmetrischer Basis, fühlt sich rau an

SCHÖPFUNG UND TOD Nach der altnordischen Mythologie sind Menschen aus Bäumen entstanden. Die Esche wurde zum Mann, ein ans Meeresufer gespülter Ulmenstamm zur Frau. Esche und Ulme symbolisieren damit die Stammeseltern der Menschheit. Während bei uns früher unter Linden Gericht gehalten wurde, war in Südfrankreich die Ulme der „Baum der Gerechtigkeit". Bei den alten Griechen stand die Ulme für Schlaf, Tod und Trauer.
In ihrer Mythologie geleitet der Götterbote Hermes die Seelen der Toten auf dem Weg zur Unterwelt und wird dabei von tanzenden Flugfrüchten der Ulmen begleitet. Am Eingang zur Unterwelt steht eine Ulme, an der die Träume der Menschen hängen. Morpheus, der Gott des Traumes, übermittelt über sie Botschaften an die Lebenden. Auch bei uns findest du Ulmen oft auf Friedhöfen. Besonders in England werden noch heute Särge aus Ulmenholz getischlert.

TODGEWEIHT? Nicht nur wir Menschen können an einer Gefäßkrankheit leiden und an ihr sterben – auch manchen Bäumen geht es nicht anders: Der Ulme macht die Ulmenwelke zu schaffen, für die ein nur mit dem Mikroskop sichtbarer Pilz verantwortlich ist. Er wächst in den Leitungsbahnen des Holzes und verstopft diese. Dadurch dreht er dem Baum das Wasser ab und alle Teile oberhalb des Pfropfens vertrocknen. Die Krankheit trat in Europa erstmals 1919 in Holland auf. Von einer Ulme zur anderen reist der Pilz als blinder Passagier mit Ulmensplintkäfern. Die nur 2–6 mm großen Käfer legen ihre Eier unter die Rinde der Bäume. Ihre Larven fressen dort typische Gänge. So klein der Pilz ist, so aggressiv ist er – und mit dem Käfer als „Pilztaxi" kommt er auch weit herum: Ein Ulmensplintkäfer fliegt bis zu 10 km weit, um eine für ihn passende Ulme zu finden. Mittlerweile sind hierzulande fast alle alten, großen Berg-Ulmen verschwunden. Kleinere Bäume, deren Stammdurchmesser für den Ulmensplintkäfer noch zu gering ist, kannst du dagegen häufiger finden. Züchter haben es mittlerweile auch geschafft, durch Einkreuzung von anderen Ulmenarten resistentere Sorten zu züchten. Wenn du heute eine größere Ulme in einem Park oder an einer Straße siehst, handelt es sich um eine solche Sorte. Viele davon ertragen Trockenheit, Wind und sogar Streusalz. Sie haben damit gute Chancen, in Städten zu Klimabäumen für die Zukunft zu werden.

MERKMALE Diese Ulme braucht ein kühles, luftfeuchtes Klima. Sie bildet keine großen Bestände, sondern ist in Schlucht- und Bergmischwälder eingestreut. Die unscheinbaren Blüten aller Ulmen haben sowohl Staubblätter als auch einen Fruchtknoten. Sie werden meist vom Wind bestäubt. Ist das Wetter warm, locken sie auch Bienen an. Bei den Flügelfrüchten sitzt der Same in der Mitte und rundherum verläuft ein dünner Flügel (Bild unten). Das sieht dann ähnlich aus wie eine fliegende Untertasse. Unreif sind sie grün gefärbt und können Fotosynthese betreiben. So kann der Baum schon vor dem Laubaustrieb Kohlenhydrate gewinnen. Er steckt sie gleich in die Entwicklung der Früchte. Diese reifen dadurch bereits im April oder Mai und fliegen mit dem Wind davon, bevor das Laub die Windgeschwindigkeit bremst.

ÄHNLICHE ARTEN Neben der Berg-Ulme sind bei uns die **Flatter-Ulme** (S. 183) und die **Feld-Ulme** (*Ulmus minor*) heimisch. Die Feld-Ulme braucht mehr Wärme und Licht als die Berg-Ulme. Sie wächst vor allem in den Tälern großer Flüsse wie dem Rhein. Dort kannst du sie direkt am Ufer oder in Auenwäldern finden. Ihre Blätter sind oberseits glänzend und glatt. Sie haben nur eine Spitze. Bei ihren Flügelnüssen sitzt der Same am oberen Rand. Die Feld-Ulme leidet wie die Berg-Ulme stark unter der Ulmenwelke. Die Flatter-Ulme ist weniger anfällig für diese Krankheit.

ROBINIE

Robinia pseudoacacia – Hülsenfrüchtler

HERKUNFT: östliches Nordamerika **BLÄTTER**: sommergrün, Blättchen 2–5 cm lang **HÖHE BEI UNS**: 10–25 m **BLÜTEZEIT**: Mai–Juni **FRÜCHTE**: 4–10 cm lange Hülsen **TYPISCH**: Trauben mit 2–3 cm langen, weißen Blüten; oft 2 Dornen an der Basis der Blätter

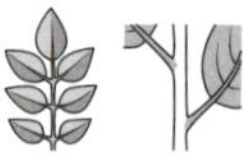

ANSICHTSSACHE Die ersten Gewöhnlichen Robinien gelangten anfangs des 17. Jahrhunderts nach Europa. Sie stießen auf großes Interesse und wurden bald als Ziergehölz, Bienenweide und Forstbaum gepflanzt. Noch heute schätzen Förster sie wegen ihres Holzes, das einen Ersatz für Tropenholz darstellt. In Deutschland findest du vor allem in Brandenburg und Sachsen-Anhalt größere Anbauflächen. Europaweit nimmt die Robinie den Spitzenplatz unter den nichtheimischen Forstbaumarten ein – weit vor der Douglasie (S. 146). Besonders viele Robinien wachsen in Ungarn. Dort steht der Baum auf rund 22 Prozent der Waldfläche. Verschiedene Sorten sind auch als Straßen- und Parkbaum beliebt. Doch die Robinie bleibt nicht nur dort, wo der Mensch sie angepflanzt hat. Mit Wurzelausläufern, Schösslingen und Samen hat sie es schon lange geschafft, der Kontrolle des Menschen zu entkommen – und schafft dies immer wieder: So gilt sie heute in Europa als der am weitesten verbreitete holzige Neubürger. Robinien wachsen rasch, lieben Wärme und Licht und tolerieren Trockenheit sowie arme Böden. Sie gedeihen als Erstbesiedler von Brachflächen in Städten und an Bahndämmen genauso gut wie an Waldrändern und in trockenen Forsten. Für Naturschützer gilt die Art als Problempflanze: Robinien bin-

den mit Knöllchen an ihren Wurzeln Stickstoff aus der Luft (siehe S. 158) und düngen dadurch den Boden. Breiten sie sich an nährstoffarmen Standorten wie Trocken- oder Magerrasen aus, verdrängen sie dort die speziell an Nährstoffarmut angepassten Arten. Dazu gehören seltene und gefährdete Pflanzen – also solche, die es zu schützen gilt.

WEHRHAFT Die Robinie hält sich nicht nur mit den Dornen (Bild oben) Feinde vom Leib, sondern sie hat ein ganzes Waffenarsenal: Besonders Rinde und Samen enthalten giftige Eiweiße, die rote Blutkörperchen zusammenballen und Gewebe zerstören können. Hasen und Kaninchen scheinen sie dagegen nichts auszumachen. Sie schälen im späten Winter häufig die Rinde von jungen Stämmen oder verbeißen die Zweige. In Rinde und Wurzeln bildet der Baum weitere Stoffe, die viele Gräser und Kräuter unterdrücken und so dem Gehölz die Füße frei halten. Stickstoffliebende Arten wie Brennnesseln und Holunder gedeihen jedoch gut unter dem Baum. Das dunkle Holz gilt als das widerstandsfähigste Holz Europas. Es vertreibt Pilze und andere holzzerstörende Organismen so effizient, dass auch verbautes Holz keine Insektenschutz- und Imprägnierungsmittel braucht.

SCHMETTERLINGSBLÜTEN Wenn du eine blühende Robinie siehst und ihre Blüten erreichen kannst, solltest du sie dir unbedingt genau ansehen. Botaniker nennen den auffälligen Blütentyp „Schmetterlingsblüte" (Bild links). Von vorne wirkt die Blüte tatsächlich wie ein flatternder Falter. Robinienblüten duften intensiv und locken Bienen als Bestäuber an. Die emsigen Sammlerinnen haben es auf den reichlich vorhandenen Nektar abgesehen, der bis über 50 Prozent Zucker enthält. Den hellen Honig, der daraus entsteht, kennst du vielleicht als Akazienhonig. Diese Bezeichnung hängt mit dem zweiten deutschen Namen des Baumes zusammen: Scheinakazie. Echte Akazien dagegen wachsen nur in den Tropen und Subtropen. Einige lassen sich auch im Mittelmeerraum kultivieren.

MERKMALE Robinien wachsen locker und sparrig. Die 15–30 cm langen Blätter setzen sich aus 9–23 Blättchen zusammen. Diese klappen bei Hitze nach unten und lassen Licht in die Krone. Die Früchte (Bild unten) reifen im Herbst und öffnen sich im Winter. Zu den Sorten in Städten gehört die Kugelrobinie mit einer kugeligen Krone sowie die Einblättrige Robinie, die nur einfache Blätter entwickelt.

ÄHNLICHE ARTEN Es gibt nur wenige andere Bäume bei uns mit Schmetterlingsblüten: **Goldregen** (S. 80), **Judasbaum** (S. 93) und **Japanischer Schnurbaum** (S. 42). Ihre Blüten sind aber anders gefärbt.

IM UNTERGRUND

Die geheimen Helfer der Bäume

LEBENSRAUM WURZEL Meistens betrachten wir die Partien der Bäume, die in die Luft ragen. Doch spannend und für das Gehölz überlebensnotwendig ist auch das, was sich im Boden tut: Mit seinen Wurzeln verankert sich ein Baum nicht nur im Erdreich und nimmt Wasser sowie Nährstoffe auf. Vielmehr gelangen auch Zucker und andere Kohlenhydrate aus der Fotosynthese von den Blättern bis zu ihnen hinab. So wird das Wurzelwerk zu einer begehrten Nahrungsquelle: Kleinlebewesen, Würmer und Läuse siedeln darauf oder darin und leben davon. Auch andere Pflanzen und Pilze profitieren vom Angebot. Oft entwickeln sich einseitige Beziehungen. In anderen Fällen haben beide Partner etwas von der Gemeinschaft: Es entstehen raffinierte Symbiosen, ohne die unsere Bäume und Wälder nicht das wären, was sie sind.

FUSSPILZ Hast du schon einmal Pilze im Wald gesucht? Dann weißt du vielleicht, dass du Birkenpilze ausschließlich bei Birken findest und Pfifferlinge vor allem in Fichten- und Kiefernwäldern. Doch woher kommt das? Was du als Birkenpilz oder Pfifferling erntest, sind nur die Fruchtkörper der Pilze. Unterirdisch ziehen sie ihre Fäden an die Wurzelspitzen der Bäume und umhüllen diese wie ein fusseliger Wollhandschuh (Bild Mitte). Das ist praktisch für den Baum: Die feinen Pilzfäden können die Erde viel besser durchdringen als seine Wurzeln. Wie verlängerte Arme nehmen sie Wasser und Nährstoffe aus dem Boden auf und übergeben diese dem Baum. Im Gegenzug erhält der Pilz vom Baum Kohlenhydrate. Der Fachmann nennt diese Lebensgemeinschaft eine Mykorrhiza. Übersetzt heißt dies „Pilzwurzel". Fast immer ziehen mehrere Pilzarten ihre Fäden an den Wurzeln – allein in Fichtenwäldern bandeln über 150 Pilze mit den Bäumen an. Dazu gehören auch Fliegenpilz (Bild unten links) und Fichten-Reizker (Bild unten rechts).

Viele Pilze sind in Bezug auf die Baumart wenig wählerisch. Andere dagegen haben sich auf einen einzigen Partner spezialisiert. Mit einer gut funktionierenden Pilzwurzel entwickeln sich die Bäume optimal. Die wichtigste Aufgabe des Pilzes besteht darin, den Baum mit Stickstoff zu versorgen. Stickstoff gehört zu den Lebenselixieren aller Lebewesen. Er wird vor allem benötigt, um Eiweiße daraus herzustellen. Pflanzen und Tiere können zwar Sauerstoff atmen, aber kein Stickstoffgas aus der Luft aufnehmen. Dem Baum gelingt es auch nicht, Stickstoffquellen in der Nadel- oder Laubstreu des Bodens anzuzapfen. Hier kommen ihm die Pilzfäden zu Hilfe: Sie nehmen den Stickstoff aus dem Boden, besonders in Form von Ammonium, auf und leiten ihn zu den Baumwurzeln. Außerdem verbinden sie – wie Versorgungsleitungen – Bäume untereinander. Sämlinge von Bäumen, die im dichten Wald kaum Fotosynthese betreiben können, sind in dieses Netzwerk eingebunden. Auch sie profitieren auf diese Weise, bevor sie einen Platz an der Sonne erreichen.

„DÜNGERFABRIKEN" Nur wenige Bakterien können Stickstoffgas direkt aus der Luft einfangen. Sie bilden dazu ein besonderes Enzym, die Nitrogenase. Dieses packt das Gas und bindet es in Form von Ammonium. Für Pflanzen bietet sich damit eine lukrative Alternative zur Pilzwurzel, um an verwertbaren Stickstoff zu kommen: Sie müssen nur eine Möglichkeit finden, die Bakterien für sich arbeiten zu lassen.

WURZELKNÖLLCHEN Hülsenfrüchtler haben dies geschafft. Die meisten von ihnen besitzen kleine Düngerfabriken direkt an den Wurzeln: stecknadelkopf- bis erbsengroße Kügelchen, in denen Knöllchenbakterien leben. Die Bakterien vermehren sich gut geschützt im Innern des Knöllchens und werden von der Pflanze mit Kohlenhydraten versorgt. Im Gegenzug liefern sie der Pflanze Ammonium. Wenn die Pflanzen absterben oder ihr Laub abfällt, wird auch der Boden mit dem Dünger versorgt. Landwirte und Gärtner schätzen deshalb Klee und andere Hülsenfrüchtler als Gründüngung. Bei unseren Bäumen gibt es nur wenige Vertreter dieser Pflanzenfamilie.

Du kannst solche Wurzelknöllchen aber an Robinie (Bild oben und S. 156) und Goldregen (S. 80) finden.

STRAHLENWURZELN Erlen (S. 168) haben sich mit anderen Bakterien zusammengetan – jedoch mit demselben Ziel. Bei ihnen übernehmen Frankia-Bakterien die Aufgabe des Stickstoffsammlers. Sie leben in korallenartigen, bis apfelgroßen Wurzelgebilden, die der Fachmann als Aktinorhiza (Strahlenwurzel) bezeichnet (Bild ganz oben). Sie sind etwas ganz Besonderes und kommen bei uns sonst nur noch beim Sanddorn vor.

MEHLBEERE

Sorbus aria – Rosengewächse

HERKUNFT: heimisch **BLÄTTER**: sommergrün, bis 14 cm lang **HÖHE**: 5–12 m
BLÜTEZEIT: Mai–Juni **FRÜCHTE**: etwa 1,5 cm große Apfelfrüchte
TYPISCH: Blätter unten silberweiß behaart; Blüten in breiten Blütenständen

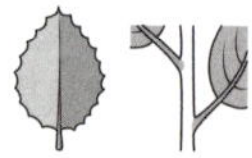

SILBERSTREIF Wenn du im Wald, am Waldrand, in einer Feldhecke oder auf Felsen einen Baum siehst, der schon aus der Ferne silbern wirkt, hast du wahrscheinlich eine Gewöhnliche Mehlbeere entdeckt. Besonders auffällig sind die Bäume, wenn der Wind ihnen durchs Geäst bläst, sodass die Blattunterseiten aufleuchten. Der Haarfilz dort setzt die Verdunstung herab. So kommt der Baum mit Trockenheit sehr gut zurecht – übrigens auch an Straßen und in Parks.

MEHLIGE FRÜCHTE Die Früchte machen dem Baum alle Ehre. Sie sehen auf den ersten Blick sehr appetitlich aus, aber du wirst enttäuscht sein, wenn du sie probierst. Sie sind zwar essbar, doch so mehlig und fad, dass die Menschen sie selbst früher nur in Notzeiten genutzt haben. Sie haben sie selten roh gegessen, sondern getrocknet und dann vermahlen unter das Brotmehl gemischt. Dies soll dem Brot einen leicht süßlichen Geschmack verliehen haben.

MERKMALE Der Baum bildet eine eiförmige bis rundliche Krone. Die Blüten haben fünf Blütenblätter und werden bis 1,5 cm groß. Die kugeligen, roten Früchte zeigen kleine helle Punkte und tragen vorne einen vertrockneten Kelchrest. Als Straßenbäume kannst du verschiedene Sorten finden, auch solche, bei denen beide Blattseiten silbrig behaart sind.

ELSBEERE

Sorbus torminalis – Rosengewächse

HERKUNFT: heimisch **BLÄTTER**: sommergrün, bis 12 cm lang **HÖHE**: 5–25 m **BLÜTEZEIT**: Mai–Juni **FRÜCHTE**: bis 2 cm lange Apfelfrüchte **TYPISCH**: Blätter mit 3–4 Paar spitzen Lappen, die untersten fast waagerecht spreizend

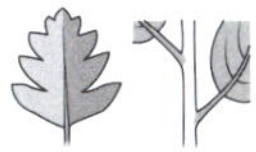

WARM, WÄRMER Die Elsbeere ist ein heimischer Anwärter für die Aufnahme in den Reigen der Klimabäume der Zukunft. Sie liebt warme, trockene Standorte. Bei uns wächst sie derzeit fast nur eingestreut in nach Süden orientierten Laubwäldern oder an Südhängen. Schon in den Mittelgebirgen und in Norddeutschland ist es ihr zu kalt. Doch das könnte sich zukünftig mit der Klimaerwärmung ändern.

OFT UNGEWOLLT GEFÄLLT Zugegeben: Es ist nicht einfach, eine Elsbeere im kahlen Zustand zu erkennen. Mit ihrer knorrigen Rinde und dem häufig krummen Wuchs sieht sie dann aus wie eine schlecht geratene Eiche. Trotzdem tut es mir jedes Mal weh, wenn ich mitbekomme, dass ein so besonderer Baum beim winterlichen Durchforsten eines Waldes abgesägt wurde – oft einfach aus Versehen. Gut also, wenn Naturschützer, Forstleute und Waldbesitzer auf das Kleinod achten. Manche Elsbeeren werden auch wegen ihres harten, fein gezeichneten Holzes geschlagen: Es liefert edle, teure Furniere für exklusive Möbel. Zudem hat es einen festen Platz im Musikinstrumentenbau, etwa für die Mechanik von Klavieren und Cembalos sowie für Blockflöten und Dudelsackpfeifen.

MERKMALE Das größte heimische Rosengewächs bildet lockere, weiße Blütenstände. Die ledrigen, braunen Früchte tragen helle Warzen. Sie erinnern an Birnen, sind aber viel kleiner und schmecken ähnlich wie Echte Mispeln (S. 123).

ÄHNLICHE ART Die Blätter ähneln denen eines **Ahorns** (S. 32, 142). Alle Ahorne haben aber gegenständig angeordnete Blätter und Früchte mit zwei Flügeln.

GEWÄSSER

SILBER-WEIDE

Salix alba – Weidengewächse

HERKUNFT: heimisch **BLÄTTER**: sommergrün, 5–8 cm lang **HÖHE**: 8–25 m **BLÜTEZEIT**: April–Mai **FRÜCHTE**: Kapseln in 7–9 cm langen Fruchtkätzchen **TYPISCH**: schmale, unterseits silbrig behaarte Blätter sorgen schon aus der Ferne für einen hellen Eindruck des Baumes

LEBENSKÜNSTLER Diese attraktive Weide kannst du an fast jedem Fluss oder See entdecken. Sie hat sich ideal an die nassen Standorte angepasst: Ihre Wurzeln dringen rasch in den Untergrund ein und bilden ein dichtes Wurzelgeflecht. So verhindert der Baum, dass ihm der Boden unter den Füßen weggespült wird. Wochenlang kann er im Wasser stehen, ohne dass es ihm schadet. Verliert er doch den Halt und stürzt um, ist das für ihn kein Weltuntergang: Er treibt einfach neue Zweige aus dem liegenden Stamm, die wieder dem Himmel entgegenstreben. Sie stehen dann wie ein Regiment junger Bäume nebeneinander auf dem alten Stamm. Junge Silber-Weiden biegen sich bei Hochwasser in der Strömung flach auf den Boden und verhindern auch so, dass ihnen die Erde davonschwimmt. Weicht das Wasser zurück, richten sie sich wieder auf und wachsen weiter – als ob nichts gewesen wäre. Die vielen Samen fliegen dank der feinen Samenhaare mit dem Wind davon oder werden vom Wasser mitgenommen. Sie enthalten kaum Nährstoffe und keimen nur, wenn sie innerhalb weniger Tage an einem feuchten Platz anlanden. Dann aber legen sie los: Innerhalb kürzester Zeit wimmeln Tausende von winzigen Weidenkeimlingen am Flussufer – nach dem Motto: Ein paar werden es schon schaffen.

BITTERE PILLEN Rinde und Blätter von Weiden schmecken bitter. Sie enthalten Stoffe, die nach dem wissenschaftlichen Namen der

Weide Salicylate genannt werden. Das Gehölz schützt sich damit vor Fressfeinden. Doch haben Weiden und ihre Inhaltsstoffe auch Medizingeschichte geschrieben: Schon die Heilkundigen der Antike verwendeten Weidenrinde gegen Fieber und Kopfschmerzen. Im 18. Jahrhundert erforschten Ärzte die Rinde genauer und konnten die Wirkung gegen Fieber wissenschaftlich bestätigen. Im 19. Jahrhundert gelang es dann, den Inhaltsstoff Salicin aus der Weidenrinde zu isolieren und daraus Salicylsäure zu gewinnen – die Basis für das weltbekannte Arzneimittel Aspirin. Doch zum Glück für die Weiden gelang es den Wissenschaftlern bald darauf, Salicylsäure im Labor synthetisch herzustellen. Ende des 19. Jahrhunderts synthetisierte ein deutscher Chemiker daraus erstmals Acetylsalicylsäure (ASS). Diese ist heute der Wirkstoff in den meistverkauften Arzneimitteln gegen Schmerzen, Entzündungen und Fieber. Stell' dir mal vor, es wäre nicht gelungen, den Stoff im Labor herzustellen: Entweder hätten wir keine Weiden mehr oder überall würden Weidenkulturen wachsen, um die Nachfrage abzudecken. Da wären die Weidenplantagen, die neuerdings an manchen Orten als Energieholzplantagen angelegt werden, wohl ein Klacks dagegen.

MERKMALE Der raschwüchsige Baum bildet eine unregelmäßige, lockere Krone. Sein Stamm ist bis über 1 m dick und wird im Alter häufig hohl. An Bachrändern stehen oft zu „Kopfweiden" mit dickem Stamm gestutzte Exemplare. Die Blätter sind schmal lanzettlich. Die Weide ist zweihäusig. Die männlichen Blütenkätzchen sind gelb, die weiblichen grün.

ÄHNLICHE ARTEN Die **Goldene Trauer-Weide** (*Salix alba* 'Tristis', Bild unten) ist eine Züchtung aus der Silber-Weide und der wenig winterharten **Babylonischen Trauer-Weide** (*Salix babylonica*). Der Baum mit den bis zum Boden oder ins Wasser hängenden Zweigen ist bei Landschaftsarchitekten als Gestaltungselement besonders beliebt. Du findest ihn sicher in einem Park oder Garten. Bei der **Bruch-Weide** (*Salix fragilis*) brechen die Zweige bei leichtem Druck mit einem Knacken ab. Bei Hochwasser reißt sie die Strömung mit. Die Wasserflut trägt sie an einen neuen Standort, wo sie rasch Wurzeln bilden. Die Bruch-Weide bildet häufig Bastarde mit der Silber-Weide.

GEWÖHNLICHE ESCHE

Fraxinus excelsior – Ölbaumgewächse

HERKUNFT: heimisch **BLÄTTER**: sommergrün, Blättchen 4–10 cm lang
HÖHE: bis 40 m **BLÜTEZEIT**: April–Mai, vor dem Laubaustrieb
FRÜCHTE: 2,5–5 cm lange Flügelfrüchte **TYPISCH**: schwarze Winterknospen

WELTENBAUM Eschen gehören zu den höchsten heimischen Bäumen und beeindrucken mit einem meist gerade aufstrebenden Stamm, der bis zu 2 m dick werden kann. Wenn du neben so einem Baum stehst, fühlst du dich ganz klein. Kein Wunder, dass eine in den Himmel ragende Esche in der nordischen Mythologie eine besondere Rolle spielt: Als Weltenbaum Yggdrasil umspannt ihre Krone die ganze Erde. Unter ihren Zweigen halten die Götter Gericht. Am Fuß des Baumes, zwischen seinen drei Wurzeln, haben drei Nornen ihren Sitz. Als Schicksalsgöttinnen spinnen sie die Schicksalsfäden der Menschen.

GESPALTENER CHARAKTER Obwohl sie zu einer Art gehören: Nicht alle Eschen verhalten sich gleich. Viele wachsen an Flüssen und in Auen, doch auch an trockenen Hängen und auf Felsen stehen herrliche Bäume. Forscher haben deshalb überlegt, sie verschiedenen ökologischen Rassen zuzuordnen. Die Exemplare lassen sich jedoch von einem auf den anderen Standort verpflanzen, ohne darunter zu leiden. Auch bei den Blüten scheint sich der Baum nicht entscheiden zu können: Die bräunlichen Blütenbüschel können männliche, weibliche oder zwittrige Blüten enthalten – oder von jedem Typ etwas.

ZWEIERLEI FRÜCHTE? Eschenfrüchte (Bild linke Seite) haben einen leicht in sich gedrehten Flügel und tragen ihren Samen an der Basis. Dies ist bei kräftigem Wind aerodynamisch günstig: Sie wirbeln dann wie ein Propeller durch die Luft und können über 100 m weit weggeblasen werden. Bei Windstille dagegen sinken sie rasch zu Boden. So passt es gut, dass die Pflanze ein „Wintersteher" ist: Obwohl die Früchte ab September reif sind, reißen erst Winter- und Frühjahrsstürme sie von den kahlen Bäumen. Wenn du nach den Früchten Ausschau hältst, sind dir vielleicht schon mal blumenkohlartige, dunkelbraune Gebilde aufgefallen, die in Gruppen beieinandersitzen können (Bild oben rechts). Manchmal hängen Früchte dazwischen, oft trägt ein Baum nur die festen, krustigen Knäuel. Hier waren winzige Spinnentiere am Werk: Die lediglich den Bruchteil eines Millimeters großen Eschenklunkern-Gallmilben saugen Saft aus den Blütenstielen. Ihr Speichel lässt die Blütenstände zu Klumpen verkrümmen. Das ist lästig für die Esche, bringt sie aber nicht um.

ESCHENTOD - ES LEBE DIE ESCHE! Seit einigen Jahren erliegen Eschen jedoch einer schweren Baumkrankheit, dem Eschentriebsterben. Der Täter ist ein unscheinbarer Pilz aus Ostasien. Er heißt Falsches Weißes Stängelbecherchen. Seine winzigen Fruchtkörper wachsen aus alten Blattstielen, die vom Vorjahr auf feuchtem Boden liegen. Die mikroskopisch feinen Pilzfäden durchziehen lebende Blätter, Zweige und Stämme. Sie bilden Giftstoffe, welche die Rinde und das Holz darunter abtöten. Passiert dies rund um den Trieb oder Stamm, wird dem Baum der Saft abgedreht. Dadurch bekommen die Zweige oberhalb kein Wasser mehr. Sie sterben ab und die Krone wird schütter. Am Stammfuß infizierte Bäume können einfach umfallen – aus heiterem Himmel. Doch die Esche wird ihren neuen Feind überleben. Einzelne Exemplare sind resistent gegen den Pilz. Im Spielfeld der Evolution haben sie diese Widerstandsfähigkeit erworben, noch bevor sie sich als Vorteil erwies. Die Natur selektiert diese Bäume nun als Basis für zukünftige Generationen heraus.

MERKMALE Die 20–35 cm langen Blätter setzen sich aus 9–15 Blättchen zusammen. Die Blüten haben keine Blütenblätter und bilden pinselartige Büschel (Bild oben links).

ÄHNLICHE ARTEN Die **Eberesche** (S. 112) hat orangerote, erbsengroße Früchte und kleinere Blättchen, die sich im Herbst orangerot färben. In Städten kannst du andere Eschenarten antreffen (S. 48).

SCHWARZ-ERLE

Alnus glutinosa – Birkengewächse

HERKUNFT: heimisch **BLÄTTER**: sommergrün, 4–9 cm lang
HÖHE: 10–25 m **BLÜTEZEIT**: Februar–April, vor dem Laubaustrieb
FRÜCHTE: etwa 1,5 cm lange Zapfen **TYPISCH**: Blätter vorne deutlich eingekerbt; kleine Fruchtzapfen hängen über den Winter am Baum

EXPERTIN IN PUNCTO „NASSE FÜSSE“ Dieser Baum kommt besser als alle anderen heimischen Bäume mit Dauernässe zurecht. In Auenwäldern und an Bächen, Flüssen und Seen machen der Erle weder bewegtes Wasser noch steigende oder fallende Wasserspiegel etwas aus. Manchmal ist sie auf den nassen Böden, besonders in Mooren, die einzige Baumart. Bei anderen Bäumen, die längere Zeit in den Fluten stehen, ersticken die Wurzeln und faulen ab. Ein ausgeklügeltes System sorgt bei der Schwarz-Erle dafür, dass ihr dies nicht passiert: Unten am Stamm sitzen viele Poren, durch die Sauerstoff in den Stamm und von dort in das Wurzelwerk gelangt – es ist fast so, als würden die Wurzeln über kleine Schnorchel atmen. Auch das Holz geschlagener Bäume ist unter Wasser extrem widerstandsfähig, ähnlich wie das der Eiche. Früher bestanden deshalb viele Schleusentore daraus.

KORALLEN AN DEN WURZELN Wenn eine Erle an einem Bach steht, kannst du vor allem nach Hochwasser im Wurzelraum des Baumes manchmal „Strahlenwurzeln" finden: Merkwürdig verdickte, bis apfelgroße, rotbraune Gebilde, die das Wasser freigespült hat. Mit ihren kleinen Höckern und Warzen erinnern sie etwas an einen Korallenstock. Dies sind „Düngerfabriken", in denen Frankia-Bakterien leben und den Baum mit Stickstoff versorgen (vgl. S. 159). Die Böden, auf denen Erlen wachsen, sind oft schlecht mit gebundenem Stickstoff versorgt. So ist es ideal, dass die Frankia-Bak-

terien Stickstoff als Gas direkt aus der Luft aufnehmen. Das wertvolle Nährelement kommt nicht nur dem Baum zugute. Erlen verzichten darauf, die Nährstoffe aus den Blättern im Herbst zu recyceln. Vielmehr verlieren sie das meiste Laub bereits in grünem Zustand. Es ist besonders reich an Stickstoffverbindungen, zersetzt sich rasch und düngt so den Boden für andere Pflanzen. Förster pflanzen Schwarz-Erlen deshalb gerne auf gestörte Böden, um diese zu renaturieren. Forscher haben berechnet, dass 1 Hektar Schwarz-Erlen-Bruchwald (S. 22) dank der Bakterien bis zu 70 kg Stickstoff im Jahr aus der Luft gewinnt, speichert und wieder freisetzen kann – Werte, für die Landwirte ihre Kulturen kräftig düngen müssen.

UNHEIMLICHER BAUM Hast du schon einmal eine frisch gefällte Erle oder deren Baumstumpf gesehen? Das ist echt etwas Besonderes: Die Schnittflächen des Holzes leuchten orangerot (Bild unten). Dies hängt damit zusammen, dass Inhaltsstoffe des Holzes durch den Sauerstoff der Luft oxidieren – ähnlich wie Eisen rostet. Trocknet das Holz aus, verschwindet der Zauber wieder. Das Rot des Erlenholzes ist mitverantwortlich dafür, dass moorigen Standorten etwas Magisches und Unheimliches anhaftet. Bei unseren Vorfahren konnte die mächtige Farbe Blut, Feuer und Krieg bedeuten und für Hexen, Teufel und das Böse stehen. Bei den alten Germanen symbolisierte sie Zauberei, auch ihr Donnergott Donar hatte rotes Haar und einen roten Bart. Goethes Ballade „Erlkönig" dagegen gibt zwar eine bedrückte Stimmung wieder, hat aber nichts mit dem Baum zu tun. Dem Gedicht liegt eine dänische Legende um einen Elfenkönig zugrunde. Der Übersetzer, Johann Gottfried Herder, hat hier vermutlich einfach falsch übersetzt.

MERKMALE Der Baum bildet oft mehrere Stämme und eine ovale Krone. Die Rinde ist schwärzlich. Die männlichen Blütenkätzchen ähneln denen der Hasel, sind aber vor dem Öffnen eher violett, geöffnet rötlich gelb. Die viel kleineren weiblichen Blütenkätzchen sind rötlich (beide Bild links). Die gestielten Fruchtzapfen (Bild Mitte) sehen aus wie winzige Kiefernzapfen. Die Blätter sind rundlich-oval, glänzend dunkelgrün und etwas klebrig.

ÄHNLICHE ART Bei der ebenfalls heimischen **Grau-Erle** (*Alnus incana* ssp. *incana*) ist die Rinde weißgrau, ihre Blätter sind zugespitzt und besonders unterseits gräulich.

ZITTER-PAPPEL

Populus tremula – Weidengewächse

HERKUNFT: heimisch **BLÄTTER:** sommergrün, 3–8 cm lang **HÖHE:** 10–30 m **BLÜTEZEIT:** März–April, vor dem Laubaustrieb **FRÜCHTE:** Kapseln in 8–12 cm langen Fruchtkätzchen **TYPISCH:** leicht bewegliche, lang gestielte Blätter

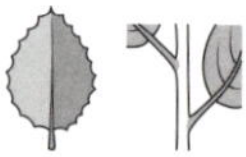

RUHELOS Vielleicht kennst du den Ausdruck „zittern wie Espenlaub". Er bezieht sich auf diesen Baum, der auch Espe heißt. Wenn du dir ansiehst, wie unruhig sich die Blätter schon beim leisesten Lufthauch hin und her bewegen und Rascheln hörst, kannst du den Vergleich gut nachvollziehen. Die Blattstiele der Zitter-Pappel sind sehr lang und seitlich stark zusammengedrückt. Die Blattspreite ist zart, leicht und bietet eine große Angriffsfläche. Wenn du ein solches Blatt am unteren Ende des Stiels festhältst und die Spreite waagerecht halten willst, merkst du rasch, dass dies fast nicht möglich ist, sondern sie hin- und herpendelt. Du kannst dir sicher denken, dass dieser Zappelphilipp von seinem Verhalten profitiert: Er beschleunigt damit sein Wachstum. Die lockere Krone wird von Licht durchflutet, sodass sie viel Energie für die Fotosynthese erhält. Wenn sich die Blätter auf diese Weise bewegen, trifft das Licht im Wechsel auf ihre Ober- und Unterseite. Passend dazu sind beide Seiten gleich aufgebaut. So können sie die Sonnenenergie besonders gut aufnehmen – ihre Motoren für die Gewinnung von Kohlenhydraten laufen rund.

MERKMALE Die rundlichen, buchtig gezähnten Blätter sind beim Austrieb oft rötlich. Im Herbst färben sie sich gelb (S. 77). Die Blütenkätzchen sitzen getrennt auf männlichen und weiblichen Bäumen. Sie ähneln ebenso wie die Früchte denen der Bastard-Schwarz-Pappel (S. 172).

SÄULEN-PAPPEL

Populus nigra 'Italica' – Weidengewächse

HERKUNFT: Kulturform **BLÄTTER**: sommergrün, 5–10 cm lang **HÖHE**: bis 30 m
BLÜTEZEIT: März–April, vor dem Laubaustrieb **FRÜCHTE**: keine
TYPISCH: schlanker, säulenförmiger Wuchs

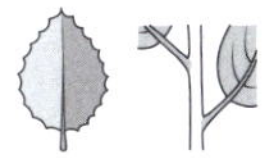

ALLES NUR GEKLONT Bei dieser häufig gepflanzten Pappel handelt es sich um eine sehr rasch wachsende Form der Europäischen Schwarz-Pappel. Sie wurde Anfang des 18. Jahrhunderts erstmals in der Lombardei kultiviert und heißt deshalb auch Italienische Pappel. Ab der zweiten Hälfte des 18. Jahrhunderts gehörte sie zu den Modebäumen mitteleuropäischer Gärtner. Diese sahen in ihr einen würdigen Ersatz für die schlanken Mittelmeer-Zypressen. Bald schmückten Säulen-Pappeln Schlossparks und lange Alleen. Es heißt auch, Napoleon ließ sie entlang großer Straßen pflanzen, damit sich das Heer und die Post gut daran orientieren konnten. Doch die Freude an dem Baum währt nur kurz. Schon nach etwa 40 Jahren werden Äste brüchig und es kommt zu einer morschen, kahlen Krone. Kein Wunder – es gehen schließlich alle Exemplare auf einen einzigen Baum in Italien zurück. Bis heute gibt es nur männliche Säulen-Pappeln, die ausschließlich über Stecklinge vermehrt werden. Alle Exemplare besitzen damit dasselbe Erbgut. Die Widerstandskraft solcher Klone ist viel geringer als die von Bäumen, die sich über Samen vermehren.

MERKMALE Neben dem Hauptstamm streben Äste und dicke Nebenstämme nach oben. Die Wurzeln sitzen meist breit als Brettwurzeln (S. 183) an der Stammbasis. Die Blätter sind rautenförmig bis dreieckig. An ihrer Basis sitzen im Gegensatz zu den Blättern der Bastard-Schwarz-Pappel (S. 172) keine Drüsen. Die Blattstiele zeigen häufig verdrehte Verdickungen. Dies sind Gallen, für deren Entstehung Spiralgallenläuse verantwortlich sind. Diese Blattläuse leben im Innern des gewundenen Gebildes. Dort herrscht ein angenehmes Klima und die Tiere sind vor Fressfeinden geschützt.

BASTARD-SCHWARZ-PAPPEL

Populus × canadensis – Weidengewächse

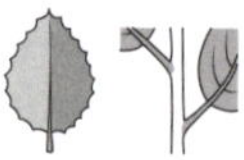

HERKUNFT: Kulturform **BLÄTTER**: sommergrün, bis 13 cm lang **HÖHE**: bis 35 m **BLÜTEZEIT**: März–April, vor dem Laubaustrieb **FRÜCHTE**: Kapseln in 10–15 cm langen Fruchtkätzchen **TYPISCH**: säulenartiger Stamm mit tief gefurchter Rinde; dreieckige Blätter

EURO-AMERIKANISCHE KOALITION Die ersten dieser Pappeln entstanden um 1750 in Frankreich, als Züchter die Europäische Schwarz-Pappel mit der nordamerikanischen Karolina-Pappel kreuzten. Die Bastarde stießen auf großes Interesse, da sie sich leicht über Stecklinge vermehren lassen und gutes Holz liefern. Heute gibt es eine große Zahl verschiedener Hybridsorten. Forstleute bauen sie oft in Monokulturen an, in denen Bäume mit identischem Erbgut und gleichem Alter nebeneinanderstehen. Die Pflanzungen mit diesen Klonen wirken sehr eintönig.

MASSENHAFT HOLZ Bastard-Schwarz-Pappeln wachsen extrem rasch und bilden bereits nach 70 Jahren über 50 cm dicke Stämme. Ausgewachsen erreichen diese einen Durchmesser von bis zu 2 m. Pappelholz gehört zu den leichtesten Holzarten. Du hast es wahrscheinlich schon als Spankörbchen, Zahnstocher oder Streichholz in der Hand gehabt. Auch Spanplatten und Paletten werden häufig daraus hergestellt. Seit einigen Jahren kannst du verschiedene Pappeln sowie Weiden auch in dichten Energieholzplantagen sehen. Diese wachsen oft auf stillgelegten landwirtschaftlichen Nutzflächen. Sie heißen zu Recht auch Kurzumtriebsplantagen, denn nach einem Zeitraum von drei bis zehn Jahren werden Stämme und Zweige im Winter abgeerntet. Sie liefern Hackschnitzel für Heizungen und

Biogasanlagen oder können zu Holzpellets weiterverarbeitet werden. Die Stümpfe, die im Boden verbleiben, treiben rasch wieder aus – ein ergiebiger nachwachsender Rohstoff.

FLAUM VOM BAUM Wenn die Kapselfrüchte reifen, platzen sie auf und entlassen winzige Samen mit weißen Haarschöpfen, die sich oft in dichten Flocken wie Schnee unter den Bäumen sammeln (Bild oben links). Ein einziger Baum kann über 20 Millionen Samen ausbilden! Vier große Pappeln würden also theoretisch ausreichen, um jedem Einwohner in Deutschland einen Samen in die Hand zu drücken. Doch trotzdem ist Deutschland nicht von Pappeln überwuchert. Wie so oft produziert auch hier die Natur im Überfluss, damit wenigstens ein paar überleben. Ganz nach dem Motto „Masse statt Klasse". Denn der Baum schickt die winzigen Samen ohne Nährstoffe auf ihre Reise. Finden sie keinen passenden Keimplatz, sterben sie bereits nach wenigen Tagen ab. Findige Tüftler haben übrigens die weichen Haare als Naturfasern entdeckt: Sie sind fast viermal dünner als Baumwollfasern und gelten als die feinsten und wärmsten natürlichen Textilfasern. Zwar lassen sie sich nicht verspinnen, doch kannst du leichte Bettdecken und Kissen mit Pappelflaum kaufen. Eine passende natürliche Bettausstattung für Veganer!

MERKMALE Der Baum bildet eine schmale bis breit eiförmige Krone. Ältere Bäume haben oft erst ab einer Höhe von 10 m Äste. Die männlichen und weiblichen Blüten hängen in bis 8 cm langen Kätzchen, die wie bei allen Pappeln auf verschiedene Bäume verteilt sind. Die Früchte reifen im Mai oder Juni. Am Blatt sitzen am Übergang zwischen Stiel und Spreite kleine Drüsen, die etwas Nektar abgeben und von Ameisen besucht werden.

ÄHNLICHE ARTEN Die **Europäische Schwarz-Pappel** (*Populus nigra*) hat einen oft krummen Stamm und eine unregelmäßige Krone. Der Anbau der Bastard-Schwarz-Pappel und das Trockenlegen von Auen drängte diese heimische Art stark zurück. In den Energieholzplantagen (Bild unten) steht häufig auch die **Westliche Balsam-Pappel** (*Populus trichocarpa*). Dieser nordamerikanische Baum hat klebrige, aromatisch duftende Winterknospen. Auch die jungen Blätter fühlen sich klebrig an und verströmen einen intensiven Duft.

SILBER-PAPPEL

Populus alba – Weidengewächse

HERKUNFT: heimisch **BLÄTTER**: sommergrün, 4–12 cm lang **HÖHE**: 15–30 m
BLÜTEZEIT: März–April **FRÜCHTE**: Kapseln in 10–15 cm langen Fruchtkätzchen
TYPISCH: Blätter oberseits dunkelgrün, auf der Unterseite weißfilzig

PAPPEL DES HERKULES Mit seinen zweifarbigen Blättern gilt der Baum einerseits als Baum des Lichts, auf der anderen Seite als Baum der düsteren Trauer. In der griechischen Mythologie heißt es, dass Herkules einen Kranz aus Silber-Pappel trug, als er den Höllenhund Zerberus aus der Unterwelt heraufschleppte. Die Blätter waren auf der Seite seines Kopfes weiß, auf der äußeren Seite durch das Dunkel der Unterwelt schwarzgrün.
Eine alte Volksweisheit besagt, dass sich die Blätter des Baumes nach der Sommersonnwende (21. Juni) umdrehen und ihre helle Oberfläche nach oben richten. So diente das Gehölz wohl zumindest bis ins 18. Jahrhundert mancherorts als eine Art Kalender: Die Leute erkannten an dem Merkmal, wann der längste Tag des Jahres vorbei war und die Tage kürzer wurden. Ich konnte bisher ein solches Drehen der Blätter ab einem bestimmten Termin nicht erkennen. Aber vielleicht machst du ja eine andere Beobachtung. Fest steht jedenfalls, dass die weiße Unterseite das Licht gut reflektiert und die Blätter weniger Wasser verdunsten, wenn diese Seite zur Sonne zeigt.

MERKMALE Die Rinde ist weißlich und zeigt große Rauten. Die zweihäusig verteilten Blüten hängen in bis 8 cm langen Kätzchen.

ÄHNLICHE ART Die **Grau-Pappel** (*Populus × canescens*) hat nur schwach gelappte Blätter. Sie ist eine natürliche Hybride aus Silber- und Zitter-Pappel (S. 170).

TRAUBENKIRSCHE

Prunus padus – Rosengewächse

HERKUNFT: heimisch **BLÄTTER**: sommergrün, 6–12 cm lang **HÖHE**: 5–15 m **BLÜTEZEIT**: April–Mai **FRÜCHTE**: 6–8 mm große Steinfrüchte **TYPISCH**: weiße Blüten in bis 15 cm langen Trauben

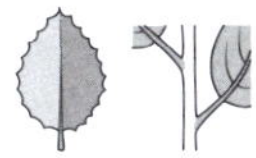

VERPACKUNGSKÜNSTLER Wahrscheinlich kennst du die spektakulären Aktionen des Künstlerpaars Christo und Jeanne-Claude. Sie haben Gebäude wie den Berliner Reichstag in silbern schimmernde Gewebe gehüllt. Im Jahr 1998 schufen sie in der Nähe von Basel auch ein Kunstobjekt mit 178 eingepackten Bäumen. Wenn du jedoch eine Gewöhnliche Traubenkirsche findest, die von einem seidig glänzenden Gespinst überzogen ist (Bild unten links), geht das nicht etwa auf diese Künstler oder ihre Nachahmer zurück. Für das gespenstische Spektakel sind die Raupen eines kleinen Nachtschmetterlings, der Traubenkirschen-Gespinstmotte, verantwortlich. Sie ernähren sich von Blättern und Trieben des Gehölzes und schützen sich in selbst gesponnenen Nestern. Bei einem Massenbefall vernetzen sich diese zu einem dichten Vorhang, den Tausende von Raupen bevölkern. Oft schließen die silbrigen Umhänge noch weitere Pflanzen oder sogar Pfosten und Zäune mit ein. Die Gespinste sind so fest, dass sie sich wie Tapeten in Bahnen abziehen lassen und häufig noch Reste im Jahr nach dem Befall sichtbar sind. Der Baum überlebt den Angriff im Normalfall und treibt spätestens im folgenden Jahr wieder aus.

MERKMALE Die Blätter sind eiförmig bis elliptisch. Die stark und etwas fischartig duftenden Blüten locken Fliegen, Bienen und Käfer an. Trotzdem entwickeln sich meist nur wenige schwarze Steinfrüchte. Ihr Fruchtfleisch ist ungiftig, schmeckt aber ziemlich bitter.

INSEKTEN AUF BÄUMEN

Das große Krabbeln

KÄFER Bei ihnen sind die Vorderflügel zu harten Deckflügeln umgebildet. Käfer bilden die größte Gruppe der Insekten. Rund 8000 Arten leben in Mitteleuropa. Viele davon sind auf Bäume angewiesen, oft auf eine ganz bestimmte Baumart. Sie fressen entweder als Larven von ihnen, als ausgewachsene Käfer oder in beiden Lebensphasen. Ich zeige dir hier ein paar besonders auffällige Vertreter.

MAIKÄFER

— *Melolontha melolontha*

Im Mai gräbt sich dieser kastanienbraune, 2–3 cm große Käfer aus der Erde und frisst Blätter verschiedener Laubbäume. Bis in die 1950er-Jahre waren Maikäfer vielerorts eine Plage und wurden bekämpft. Heute sind sie in den meisten Regionen selten.

BUCHDRUCKER

— *Ips typographus*

Dieser etwa 5 mm große Borkenkäfer besiedelt Fichten. Er lebt unter der Rinde. Dort entsteht durch den Fraß des Weibchens und der Larven ein ganz charakteristisches Brutbild. Anhand dessen lässt er sich von anderen Borkenkäfern unterscheiden.

MOSCHUSBOCK

— *Aromia moschata*

Bockkäfer sind schlank und haben sehr lange, gegliederte Fühler. Der metallisch glänzende Moschusbock kann bis über 3 cm groß werden. Seine Larven ernähren sich zwei bis drei Jahre lang von Holz. Besonders häufig leben sie in Weiden, seltener in Pappeln.

PAPPELBLATTKÄFER

— *Chrysomela populi*

An den Blättern von Pappeln fressen rund 30 verschiedene Blattkäferarten. Diese etwa 1 cm große Art fällt durch ihre Größe und Färbung auf. Sie taucht gerne an jungen und zurückgeschnittenen Pappeln in Pappelplantagen auf.

EICHELBOHRER

— *Curculio glandium*

Das Weibchen dieses 4–8 mm großen Rüsselkäfers bohrt mit seinem extrem langen Rüssel ein Loch in eine junge Eichel. Anschließend dreht es sich um und legt ein oder zwei Eier hinein. Die Larven fressen dann in der Eichel und verlassen sie zur Verpuppung.

WEITERE INSEKTEN Bäume bieten noch vielen anderen Insekten einen Lebensraum. Denk nur an Bienen, Hummeln und Schmetterlinge, die blühende Obstbäume besuchen. Ich möchte dir hier ein paar auffällige Vertreter aus verschiedenen Insektengruppen vorstellen, die nicht nur kurzzeitig auf Blüten landen, sondern länger am Baum verweilen.

AMERIKANISCHE KIEFERNWANZE

— *Leptoglossus occidentalis*

Diese bis zu 2 cm lange Wanze stammt ursprünglich aus Nordamerika. Seit 1999 breitet sie sich in Europa aus. Sie saugt an den Zapfen und Blüten verschiedener Nadelgehölze. Im Herbst dringt sie gerne in Häuser ein, um dort zu überwintern.

EICHEN-PROZESSIONSSPINNER

— *Thaumetopoea processionea*

Die Raupen dieses Nachtschmetterlings leben gesellig. Wenn sie zum Fressen in das Blätterwerk der Eichen wandern, laufen sie im Gänsemarsch. Da ihre Haare heftige Hautreizungen und Allergien auslösen können, berichten die Medien immer wieder über diese Tiere.

WOLLIGE NAPFSCHILDLAUS

— *Pulvinaria regalis*

Auf Stämmen, Ästen und Blättern von Stadtbäumen – besonders von Linden, Ahornen und Rosskastanien – vermehrt sich diese Schildlaus oft massenhaft. Unter dem Schild der Läuse quellen die Eipakete der Weibchen als weiße, watteartige Substanz heraus.

BUCHENGALLMÜCKE

— *Mikiola fagi*

Gallmücken programmieren lebendes Pflanzengewebe so um, dass es für sie einen Lebensraum formt. Die Gallen der Buchengallmücke sitzen wie Zwergenkappen auf der Blattoberfläche von Rot-Buchen. Die Larve entwickelt sich verborgen in ihrem Innern.

WEIDENSCHAUMZIKADE

— *Aphrophora* sp.

In manchen Jahren treten die Larven dieser Schaumzikaden in Massen an Weiden und Pappeln auf. Die Bäume sehen dann aus, als ob sie in einem Schaumbad gewesen wären. Im Schaum sitzen die Larven gut geschützt gegen Trockenheit und Feinde.

WEITERE BAUMBEWOHNER

Lebensraum für Schmarotzer, Aufsitzer und Zersetzer

PILZE An und in einem Baum können zahlreiche Pilze leben. Von den nützlichen Pilzwurzeln erzähle ich dir auf S. 158. Hier möchte ich dir einige Arten vorstellen, die entweder Baumkrankheiten hervorrufen oder sich auf den Abbau von abgestorbenem Pflanzenmaterial spezialisiert haben. Oft entwickeln die Pilze der Bäume Formen, die ganz anders als die Champignons sind, die du kennst.

AUSTERN-SEITLING

— *Pleurotus ostreatus*

Dieser Pilz bildet seine Fruchtkörper in Büscheln, seitlich an Stämmen und dicken Ästen von geschwächten oder abgestorbenen Laubbäumen. Er ist essbar. Du kennst ihn vielleicht aus dem Supermarkt. Er lässt sich auch auf Stroh und Papier kultivieren.

SCHWEFELPORLING

— *Laetiporus sulphureus*

Die leuchtend gefärbten Fruchtkörper werden bis zu 50 cm groß. Der parasitische Pilz befällt hauptsächlich alte Laubbäume, seltener Nadelbäume. Er baut die Zellulose des Holzes ab. So zerfällt das Holz in kleine, braune Würfelchen (Braunfäule).

ZUNDERSCHWAMM

— *Fomes fomentarius*

Vor allem an geschwächten oder abgestorbenen Rot-Buchen dringt dieser Pilz in das Holz ein. Er baut dort Lignin ab, ein Stoff, der für die Verholzung von Zellen zuständig ist und für Druckfestigkeit sorgt. Das Holz wird durch den Pilz weiß und faserig (Weißfäule).

AHORN-RUNZELSCHORF

— *Rhytisma acerinum*

Teer auf Ahornblättern? Nein, was aussieht als ob eine Teermaschine ihren Inhalt verspritzt hätte, ist das Erscheinungsbild eines Pilzes. Die Krankheit, die er auslöst, heißt jedoch ganz passend Teerfleckenkrankheit. Sie beeinträchtigt den Baum kaum.

KRÄUSELKRANKHEIT

— *Taphrina deformans*

Auf Pfirsich taucht dieser Pilz sehr häufig auf. Er gilt als Schadpilz, der den Fruchtertrag mindert. Seine Pilzfäden treiben die Blätter auffällig blasig auf. Stark befallene Blätter wirft der Baum ab. Manchmal bildet er im Juni oder Juli nochmals neues Laub.

... UND NOCH MEHR Nicht nur Tiere und Pilze besiedeln die Bäume. Du kannst noch eine Vielzahl weiterer Baumbewohner entdecken. Manche siehst du von weitem, andere fallen kaum auf und geben sich erst auf den zweiten Blick zu erkennen. Doch wenn du einmal ein Auge für sie hast, wirst du immer mehr davon finden. Nimm' einfach mal eine Lupe mit an den Baum!

BARTFLECHTE

— *Usnea* sp.

Flechten sind Doppelwesen aus Pilzen und Algen. Die Algen wohnen bei ihnen in einem Pilzgeflecht. Bartflechten hängen wie Rauschebärte von den Bäumen. Sie reagieren sehr empfindlich gegen Luftverschmutzung. Du findest sie nur In Gegenden mit sehr sauberer Luft.

GELBFLECHTE

— *Xanthoria parietina*

Die Gelbflechte gehört zu den Gewinnern der Luftbelastung mit Stickstoffverbindungen. Seit den 1990er-Jahren breitet sie sich stark aus. Sie wächst nicht nur auf Gehölzen in Wald und Feld, sondern auch in Siedlungen und auf Stadtbäumen.

BREITES WASSERSACKMOOS

— *Frullania dilatata*

Manche Moose kommen sehr gut mit dem unterschiedlichen Feuchtigkeitsangebot auf Baumstämmen zurecht. Das Wassersackmoos hat hierzu winzige Blättchen zu helmartigen Säckchen umgebildet. Diese füllen sich bei Regen, Nebel oder Tau mit Wasser.

ROTBRAUNE LUFTALGE

— *Trentepohlia umbrina*

Algen leben nicht nur im Wasser. Diese Art besiedelt die Rinden verschiedener Bäume. Es ist eine winzige Grünalge, die wochenlange Trockenheit aushält. Ihre rote Farbe erhält sie durch Karotinoide, also solche Stoffe, die auch die Karotte färben.

MISTEL

— *Viscum album*

Die Mistel sitzt als Halbschmarotzer auf vielen Baumarten. Sie zapft nur das Wasserleitungssystem der Gehölze an. Fotosynthese betreibt sie selbst mit ihren grünen Blättern und Sprossen. Die Beeren werden von vielen Vögeln gefressen.

KORB-WEIDE

Salix viminalis – Weidengewächse

HERKUNFT: heimisch **BLÄTTER**: sommergrün, bis 25 cm lang **HÖHE**: 2–10 m **BLÜTEZEIT**: März–April, vor dem Blattaustrieb **FRÜCHTE**: Kapseln in bis 6 cm langen Fruchtkätzchen **TYPISCH**: meistens trägt ein recht dünner, knorrig verdrehter Stamm einen Schopf aus unverzweigten Ruten

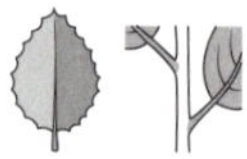

FLECHTWERK Hast du einen geflochtenen Einkaufskorb? Dann ist er wahrscheinlich aus dieser Weidenart hergestellt. Körbe lassen sich zwar aus verschiedenen Weiden und anderen biegsamen Zweigen flechten. Doch die Korb-Weide ist besonders gut dafür geeignet. Kein Wunder, dass sie ihren Verwendungszweck im Namen trägt! Korbflechter schneiden alle ein bis zwei Jahre die langen Ruten ab. Sie sind extrem biegsam und trotzdem stabil. Soll der Korb aus hellen Weiden bestehen, werden die Zweige ins Wasser gestellt, bis sie erste Wurzeln treiben und dann geschält. Trockene Zweige werden wieder biegsam, wenn sie eingeweicht werden. Beschnittene Korb-Weiden treiben rasch wieder aus – in einem Jahr können sie 2 m wachsen. Bleiben frisch geschnittene Ruten am Ufer eines Gewässers liegen, ist dies oft der Anfang von neuen Korb-Weiden: Jedes kleine Zweigstück kann zu einem neuen Baum wachsen.

MERKMALE Der Baum wird meist als Kopfweide geschnitten. Kurz nach dem Schneiden ist nur der knorrige Stamm zu sehen. Die Zweige sind gelbbraun bis olivgrün und tragen sehr schmale Blätter.

ÄHNLICHE ART Wenn du eine Kopfweide mit einem dicken, regelmäßigen Stamm siehst, ist dies eine **Silber-Weide** (Bild unten rechts und S. 164).

MOOR-BIRKE

Betula pubescens – Birkengewächse

HERKUNFT: heimisch **BLÄTTER**: sommergrün, 3–5 cm lang **HÖHE**: 5–20 m **BLÜTEZEIT**: April–Mai **FRÜCHTE**: Flügelfrüchte in 2–2,5 cm langen Fruchtkätzchen **TYPISCH**: Rinde grauweiß, mit Querringen

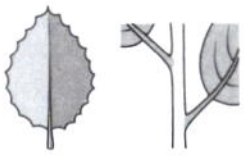

FEUER TROTZ NÄSSE Birkenholz – nicht nur das der Moor-Birke – brennt auch in frischem Zustand. Dafür sind duftende ätherische Öle verantwortlich, die sich sehr leicht entzünden lassen. Das brennende Holz schlägt kaum Funken und ist deshalb sehr beliebt als Kaminholz. Mit Birkenrinde als Anzünder kannst du rasch ein Feuer entfachen – auch bei Outdoor-Aktivitäten und feuchtem Wetter.

MERKMALE Die Moor-Birke wächst nur auf feuchten bis nassen, sauren Böden mit wenigen Nährstoffen. So steht sie am Rand von Hochmooren, in Moor- und Auenwäldern. In der nordischen Taiga bildet sie die Waldgrenze. Auf Island ist sie die einzige Baumart, die natürliche Wälder bildet. Sie wächst oft mehrstämmig und bildet eine lockere Krone mit höchstens schwach hängenden Zweigen. Die Blätter sind breit eiförmig bis rundlich und am Stiel sowie auf der Unterseite weich behaart. Jung duften sie aromatisch. Bei den anderen Merkmalen gleicht die Moor-Birke der Hänge-Birke (S. 140).

LEBENSSPENDER Birken sind wahre Fundgruben für kleines Getier. Forscher gehen davon aus, dass 300–400 pflanzenfressende Tierarten – besonders Insekten – auf oder von Moor- und Hänge-Birke leben. Diese Bäume liegen damit auf Platz drei nach den heimischen Eichen und Weiden. In Mooren tauchen viele Insekten nur dann auf, wenn es Moor-Birken gibt. So trägt der Baum dort wesentlich zur Artenvielfalt bei.

FAULBAUM

Frangula alnus – Kreuzdorngewächse

HERKUNFT: heimisch **BLÄTTER**: sommergrün, 2–8 cm lang **HÖHE**: 1,5–5 m
BLÜTEZEIT: Mai–August **FRÜCHTE**: 7–8 mm große Steinfrüchte
TYPISCH: Blüten sowie grüne, rote und schwarze Früchte gleichzeitig; bogenförmige Blattnerven

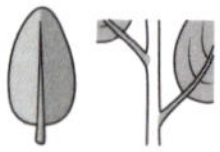

PULVERHOLZ Wenn du an der Rinde dieses Gehölzes kratzt, wird rasch klar, woher der Baum seinen Namen hat: Die verletzte Stelle riecht unangenehm nach Fäulnis. Dies schreckte die Menschen im Mittelalter jedoch nicht davon ab, das Holz zu verarbeiten. Sie stellten hochwertige Holzkohle daraus her, die beim Verbrennen nur wenig Asche hinterlässt. Zusammen mit Salpeter und Schwefel gab sie ein besonders gutes Schwarzpulver.

DURCHFALL Faulbaum zählt zu den Giftpflanzen und kann heftigen Durchfall auslösen. Doch wie viele andere Giftpflanzen ist er auch eine Arzneipflanze – die Dosis macht das Gift. Ab dem 16. Jahrhundert gehörte Faulbaumrinde zu den wichtigsten Abführmitteln. Noch heute kannst du sie in Arzneimitteln gegen gelegentliche Verstopfung finden. Sie soll allerdings nicht über einen längeren Zeitraum angewandt werden.

MERKMALE Das an feuchten Standorten weitverbreitete, aber unscheinbare Gehölz wächst als mehrstämmiger Strauch oder als unregelmäßig geformter, oft schief stehender Baum. Die breit elliptischen Blätter sind eine wichtige Nahrung für die Raupen des Zitronenfalters (Bild oben). Die Blüten sind klein, grünlich weiß und sitzen in Büscheln in den Blattachseln. Über viele Wochen hinweg öffnen sich immer wieder neue von ihnen und locken Insekten an.

FLATTER-ULME

Ulmus laevis– Ulmengewächse

HERKUNFT: heimisch **BLÄTTER**: sommergrün, bis 12 cm lang **HÖHE**: 20–30 m
BLÜTEZEIT: Ende März–April **FRÜCHTE**: 7–15 mm lange Flügelfrüchte
TYPISCH: lang gestielte Blüten und Früchte flattern beim kleinsten Windhauch

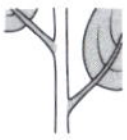

WURZELN WIE BRETTER Wahrscheinlich hast du schon Filme oder Aufnahmen von Urwaldriesen in tropischen Regenwäldern gesehen, bei denen an der Basis ihres Stammes sehr breite und hohe Wurzeln ansitzen. Solche oberhalb des Bodens ausgebildeten Wurzeln heißen Brettwurzeln. Bäume, die sie besitzen, können sich besonders gut auf dem Untergrund abstützen und fallen auch auf dem durchweichten, nassen Boden von Auenwäldern oder an Rändern von Gewässern nicht um. Der Baum wird ähnlich stabil wie ein Sonnenschirm, der in einem breiten Schirmständer steht – je breiter, desto besser. Von unseren heimischen Wildbäumen ist die Flatter-Ulme die einzige Art, die auf so breitem Fuß lebt. Doch auch bei der Säulen-Pappel (S. 171) siehst du solche Wurzeln.

MERKMALE Bei den Blättern setzt die Spreite auf der einen Hälfte viel weiter oben an als auf der anderen. Die unauffälligen Blüten erscheinen vor dem Blattaustrieb. Bei den Früchten ist der Same von einem zottig bewimperten Flügel umgeben (Bild unten). Als „Scheibenflieger" trägt sie der Wind schon im Mai oder Juni mit sich davon. Der Baum wächst manchmal auch in Parks und an Straßen. Er erträgt das Stadtklima und Abgase. Auch gegen das Ulmensterben ist er weniger anfällig als die Berg-Ulme (S. 154).

REGISTER

Die **fett** gedruckten Seitenzahlen verweisen auf die ausführlichen Baum-Porträts.

MARGOT UND ROLAND

Wir sind Margot und Roland Spohn und haben dieses Buch gemacht. Margot hat die Texte geschrieben und Roland alle Fotos geschossen.

WIE KOMMT ES, DASS DIESES BUCH VON EUCH GEMEINSAM IST?
Wir haben uns im Biologiestudium kennengelernt. Zu dieser Zeit hat Margot bereits die ersten Artikel zu Naturthemen geschrieben, Roland hat fotografiert und gemalt. So haben wir unsere Neigungen zusammengetan und sind mittlerweile ein eingespieltes Autorenteam und mit viel Freude dabei.

WIE GEHT IHR VOR, WENN IHR ZUSAMMEN AN EINEM BUCH ARBEITET?
Wir müssen dabei nicht bei null anfangen. Rolands Fotoarchiv ist da eine wahre Fundgrube. Fehlt trotzdem ein bestimmtes Motiv, durchstreifen wir gemeinsam die Natur. Parallel formuliert Margot die Texte. Damit alles stimmt, dringt sie für Feinheiten tief in Fachliteratur ein und verliert sich manchmal fast darin ... Um alles zusammenzubringen, sitzen wir dann stundenlang zusammen vor dem PC und stimmen Fotos, Zeichnungen und Texte optimal aufeinander ab.

MARGOT, WAS GEFÄLLT DIR BESONDERS AN BÄUMEN?
Mich beeindruckt, wie alt und mächtig sie werden können. Zu gerne würde ich wissen, was sie alles erlebt haben. Außerdem finde ich es toll, dass so viele Tiere, Pilze und auch andere Pflanzen von ihnen profitieren.

MARGOT, HAST DU EINEN LIEBLINGSBAUM?
Ich mag vor allem solche Bäume, bei denen jedes Exemplar etwas anders aussieht und somit einen eigenen Charakter hat. Besonders angetan hat es mir die Elsbeere. Wenn sie im Wald steht, wird sie so oft missachtet und leider oft versehentlich abgesägt.

ROLAND, WIE BIST DU ZUM FOTOGRAFIEREN GEKOMMEN?
Meine erste Kamera habe ich mir von meinem Konfirmationsgeld gekauft. Im Biologiestudium habe ich dann begonnen, ein Fotoarchiv mit Pflanzen- und Tierbildern aufzubauen. Ich fand das schöner, als Pflanzen für ein Herbarium zu sammeln, zu trocknen und aufzukleben oder Insekten zu töten und zu nadeln.

ROLAND, IST ES SCHWIERIG, BÄUME ZU FOTOGRAFIEREN?
Will ich den ganzen Baum ablichten, brauche ich das richtige Licht. Der Stamm sollte auf der Aufnahme nicht überall schwarz erscheinen. Dazu ist bedeckter Himmel oft besser als Sonnenschein. Doch der Himmel ist natürlich an einem sonnigen Tag meist schöner. Ich bin nur knapp 1,70 m groß, daher sind Detailaufnahmen bei großen Bäumen oft eine Herausforderung. Besonders schwierig ist es, Tannenzapfen zu fotografieren. Diese stehen meist nur im Wipfel und ich bräuchte eigentlich eine Hebebühne. Für das Foto des Zapfens der Weiß-Tanne habe ich einen gefällten Baum im Wald gefunden, der noch Zapfen trug.

ZUM WEITERLESEN

Du hast Spaß, in der Natur unterwegs zu sein? Du willst genauer wissen, was du da so alles siehst? Dann findest du hier ein paar Lesetipps.

Busch, Meike: **BÄUME AM BLATT ERKENNEN** *78 Laub- und Nadelgehölze*

Bestimmen mal ganz anders: In diesem Buch sind alle Blätter und Nadeln von 78 Gehölzarten in ihrer natürlichen Größe abgebildet. Pflücke ein Blatt vom Baum und lege es auf das Foto im Buch – so kannst du die Art ganz einfach anhand von Form und Größe bestimmen. Kosmos 2020, 128 Seiten.

Ophoven, Ekkehard: **WINTERWALD** *Begegnungen mit Tieren und Pflanzen in der stillen Jahreszeit*

Ein Schmöker für jeden Naturliebhaber! Ekkehard Ophoven nimmt dich mit auf einen Spaziergang durch den winterlichen Wald. Wo es auch im Winter gar nicht so still und verschwiegen zugeht: Da werden Vorratslager geplündert, Partner gesucht, Konkurrenzkämpfe ausgefochten und im Schnee verräterische Spuren hinterlassen. Illustriert mit wunderschönen Aquarellen von Sandra Lefrançois. Kosmos 2020, 256 Seiten.

Schmolz, Michael: **DIE SIEHST DU!** *Die Vögel um dich herum*

Ornithologe Michael Schmolz nimmt dich mit nach draußen: in die Stadt, in Dörfer und Wohngebiete, in Parks, den Stadtwald und ans Wasser. Er zeigt dir, dass man wirklich überall Vögel beobachten kann. Dazu gibt es noch was auf die Ohren: Mit der kostenlosen KOSMOS plus-App kannst du dir die Stimmen der gezeigten Vögel auf deinem Smartphone oder Tablet anhören. Kosmos 2020, 220 Seiten.

Spohn/Golte-Bechtle/Spohn: **WAS BLÜHT DENN DA?** *Das Original*

Der Klassiker unter den Bestimmungsbüchern: Mit der praktischen Einteilung nach Blütenfarben und -formen und den mehr als 2.000 naturgetreuen Farbzeichnungen bestimmst du sicher und schnell über 870 Pflanzenarten. Kosmos 2021, 496 Seiten.

Spohn, Margot und Roland: **KOSMOS BAUMFÜHRER EUROPA**

Als einziger porträtiert dieser Naturführer alle 680 europäischen Arten mit über 2.600 Zeichnungen. Jedes Porträt zeigt auf einzigartig präzisen Illustrationen Details zu Blatt, Blüte, Frucht, Rinde und Habitus. Der bewährte Bestimmungsschlüssel führt schnell zur gesuchten Art. Kosmos 2022, 304 Seiten.

NABU
Ein Haus bauen
WIR SIND, WAS WIR TUN.
DIE NATURSCHUTZMACHER*INNE
WWW.NABU.

BILDNACHWEIS

Alle Fotos von Roland Spohn.
Illustrationen von Paschalis Dougalis (3: S. 4 beide, S. 5 unten), Marianne Golte-Bechtle (3: S. 5 oben, 186, 187), Sigrid Haag (2: S. 184, 185, 189) und Roland Spohn (6: hintere Klappe außen).

Alles Symbole von Anna Fuchs.

* Quelle: Media Control MC Metis, Deutschland, FY 2021, WG 420- Natur und WG 422-Naturführer, Umsatz

IMPRESSUM

Mit 359 Fotos (inklusive aller Umschlag- und Klappenfotos) und 15 Illustrationen.

Umschlag- und Klappengestaltung von Populärgrafik, Stuttgart, unter Verwendung von vier Aufnahmen von Shutterstock.com (U1: Magnolienblüten © aharkyu, Birkenblätter © Nella; U4: Fichtenzweig © de2marco) und AdobeStock (U1: Walnussbaum © Zerbor)

Unser gesamtes Programm finden Sie unter **kosmos.de.**
Über Neuigkeiten informieren Sie regelmäßig unsere Newsletter, einfach anmelden unter **kosmos.de/newsletter**.

MIX
Papier | Fördert gute Waldnutzung
FSC® C023164

Gedruckt auf chlorfrei gebleichtem Papier

Pfizerstraße 5–7, 70184 Stuttgart

ISBN 978–3-440–17102–8
Projektleitung: Claudia Salata
Redaktion und Lektorat: Julia Genazino
Produktion: Markus Schärtlein
Gestaltungskonzept: Populärgrafik, Stuttgart
Satz: Text & Bild | Michael Grätzbach, Kernen
Druck und Bindung: Longo AG, Bozen
Printed in Italy / Imprimé en Italie

BOTANISCHE FACHWÖRTER

Du musst kein Spezialist sein, um Bäume zu entdecken und zu erkennen. Damit du aber besser verstehst, wie man die Merkmale von Bäumen beschreibt, möchte ich dir hier ein paar Fachbegriffe anschaulich zeigen.

1 — Einzelblüte

Bei vielen Bäumen, etwa Obstbäumen wie der Echten Quitte (S. 117), sitzen die Blüten auf mehr oder weniger kurzen Stielen einzeln an den Zweigen.

2 — Traube

Bei der Gewöhnlichen Traubenkirsche (S. 175) sind viele gestielte Einzelblüten an einem unverzweigten, blattlosen Stängel angeordne Sie bilden eine Traube.

3 — Kätzchen

Bei der Sal-Weide (S. 152) sind die kleinen Blüten entweder männlich oder weiblich. Viele Blüten eines Geschlechts bilden einen gemeinsamen Blütenstand, den man Kätzchen nennt.

4 — Zapfen

Wenn die Samen zwischen verholzten Schuppen sitzen w bei der Schwarz-Kiefer (S. 131), nennt man diesen Fruchttyp einen Zapfen.